Thorben Prenzel

Projektentwicklung mit System

Von der Idee zum fertigen Konzept:
Planung, Organisation, Projektantrag

W0340549

Thorben Prenzel

Projektentwicklung mit System

Von der Idee zum fertigen Konzept: Planung, Organisation, Projektantrag

WOCHEN
SCHAU
VERLAG

Bibliografische Information der Deutschen Nationalbibliothek
Die Deutsche Nationalbibliothek verzeichnet diese Publikation in der Deutschen Nationalbibliografie; detaillierte bibliografische Daten sind im Internet über http://dnb.d-nb.de abrufbar.

© WOCHENSCHAU Verlag
Dr. Kurt Debus GmbH
Schwalbach/Ts., 2. durchges. Auflage 2016

www.wochenschau-verlag.de
Alle Rechte vorbehalten. Kein Teil dieses Buches darf in irgendeiner Form (Druck, Fotokopie oder einem anderen Verfahren) ohne schriftliche Genehmigung des Verlages reproduziert oder unter Verwendung elektronischer Systeme verarbeitet werden.

Titelgestaltung: Wochenschau Verlag
Gesamtherstellung: Wochenschau Verlag
ISBN 978-3-7344-0187-9 (Buch)
ISBN 978-3-7344-0188-6 (E-Book)

Inhalt

Einleitung

Am Anfang eines jeden Projektes steht eine Idee. Am Anfang eines jeden Projektes steht allerdings auch ein leeres Blatt Papier. Und damit fangen die Probleme an. Schätzungsweise schaffen es nur zwei von hundert guten Ideen, zu Papier gebracht zu werden. Und selbst wenn ein Projektantrag geschrieben wurde: Ein Fünftel aller bei Förderinstitutionen eingereichten Projekte werden abgelehnt, weil einfache formale Dinge nicht beachtet wurden.

Keine Panik!

Projekte zu entwerfen und daraus einen Antrag zu gestalten ist eigentlich nicht schwer. Es erfordert „nur“ umsichtige Planung und strategisches Vorgehen. Dieses Buch bietet hierfür die notwendige Hilfestellung. Es zeigt Schritt für Schritt den Weg von der Projektidee bis zum abgabebereiten Projektantrag. Projekte auf den Weg zu bringen ist gar nicht schwer, man muss nur die Richtung kennen.

Nur Mut!

Wie auch immer Ihr Projekt am Ende aussehen wird, mit diesem Buch haben Sie die Grundlagen und wichtigsten Hilfsmittel für einen erfolgreichen Projektantrag an der Hand. Die Konzeption Ihres Projektes und das Schreiben des Antrages müssen Sie allerdings schon selber übernehmen. Freuen Sie sich darauf. Einen fertigen Projektantrag mit dem Wissen abzugeben, dass gute Arbeit geleistet wurde, ist sehr befriedigend. Wenn dann das Projekt auch noch bewilligt wird, feiern Sie ordentlich.

Viel Erfolg!

Zum Aufbau des Buches

Das Buch ist chronologisch aufgebaut. Es zeigt den Weg von der Idee zum fertigen Antrag. Sie können mit diesem Buch gleich anfangen Ihre Ideen umzusetzen: Nehmen Sie das Buch zur Hand und gehen Sie die einzelnen Kapitel Schritt für Schritt durch. Arbeiten Sie dabei gleichzeitig an Ihrem Antrag. Am Ende des Buches können Sie Ihrem Chef, Ihren Kollegen und Ihren potenziellen Geldgebern einen fertigen Projektantrag präsentieren.

Im ersten Kapitel werden anhand eines Dutzends „goldener" Regeln die Grundlagen erläutert. Dieses Kapitel dient Ihrer Vorbereitung und soll Sie fit machen für die eigentliche Arbeit an Ihrem Projektantrag. Dabei werden die wichtigsten Fragen beantwortet, die vor jedem Projekt auftauchen: Wie wird ein Projekt strategisch aufgebaut? Wie sieht eine Projektskizze aus? Was muss ich bei Ausschreibungen vorher beachten? Wer ist meine Zielgruppe? Was ist der Eigenanteil? Wie kann ich Mitstreiter einbeziehen? In diesem Kapitel erfahren Sie die notwendigen Grundlagen, bevor das eigentliche Schreiben des Antrages beginnt.

Im zweiten Kapitel wird es konkret, Ihre Projektarbeit beginnt. Dieses Kapitel führt Sie durch die Antragskonzeption und beschreibt Schritt für Schritt den Weg von der Idee zum abgabebereiten Antrag. In 14 Schritten, von der Ausarbeitung Ihrer Projektidee, über die Zeit- und Budgetplanung bis hin zur Abgabe Ihres fertigen Projektantrages leitet Sie dieses Kapitel durch die Irrungen und Wirrungen der Antragsphase. Mithilfe der in diesem Buch beschriebenen strategischen Vorgehensweise ist auch der Laie in der Lage, einen vollständigen und durchdachten Projektantrag zu präsentieren. Das systematische Vorgehen hilft, die wichtigsten Klippen zu umschiffen und den Antrag wie eine gute Mauer Stein für Stein aufzubauen.

PS: In diesem Buch wird zumeist die männliche Form verwendet, zum Beispiel Projektleiter statt Projektleiterin. Dies ist ausschließlich der Lesbarkeit geschuldet. Der Autor bittet den größeren Teil der Bevölkerung (52% der Bevölkerung ist weiblichen Geschlechts) um Nachsicht.

1

Das runde Dutzend: 12 Tipps und Tricks zum Start

Vorbemerkung

Gemäß der DIN-Norm 69901 ist ein Projekt ein „Vorhaben, das im Wesentlichen durch Einmaligkeit der Bedingungen in ihrer Gesamtheit gekennzeichnet ist, z.B. Zielvorgabe, zeitliche, finanzielle, personelle und andere Begrenzungen, Abgrenzung gegenüber anderen Vorhaben, projektspezifische Organisation“.

Das hört sich kompliziert an, ist es auch. Mit dieser Definition wird versucht, eine Fülle von unterschiedlichsten Projektformen abzudecken und von Nicht-Projekten zu unterscheiden. Allgemein gesprochen sind Projekte in allen möglichen Bereichen denkbar. Die Palette reicht vom Kleinstprojekt des örtlichen Schrebergartenvereins bis zum internationalen Großprojekt wie einem Staudammbau in China. Eine einfache Definition ist deshalb nicht möglich. In jedem Fall sollte ein Projekt aber folgende Kriterien erfüllen:

- Ein Projekt sollte eine komplexe, am besten auch neuartige Aufgabenstellung beinhalten. Einfache Arbeitsschritte müssen nicht als Projekt deklariert werden. Erst das Zusammenwirken vieler Arbeitsgänge beschreibt ein Projekt.
- Definiert wird ein Projekt durch eine zeitliche Befristung. Ein Projekt sollte einen klaren Anfang und ein klares Ende haben.
- Ein Projekt wird in der Regel mit begrenzten Ressourcen (finanziellen, personellen und Sachmitteln) durchgeführt. Gute Planung ist deshalb notwendig.
- Ein Projekt sollte messbare Ergebnisse produzieren. Es muss von Anfang an allen Beteiligten klar sein, wohin die Reise gehen soll.
- Ein Projekt macht häufig Teamarbeit notwendig. Nur in seltenen Fällen wird ein Einzelner an einem Projekt arbeiten, dann kann eher von einem Arbeitspaket gesprochen werden.

Bevor Sie jetzt mit der eigentlichen Planung beginnen, lesen Sie sich erst das folgende Kapitel durch. Es erklärt die Grundlagen für einen erfolgreichen Projektantrag und wird Sie auf die eigentliche Konzeption Ihres Projektes vorbereiten. Einige Tipps werden Sie sicherlich von sich aus schon beherzigt haben, andere werden zu Anfang vielleicht unverständlich wirken. Sie werden aber im Laufe

Ihrer Projektvorbereitungen und während Sie an Ihrem Antrag schreiben, merken, dass diese Vorbereitung Ihnen viel Arbeit erspart. Es ist wie beim Hausbau: Ein gutes Fundament trägt die Mauern. Wurde an der Grundlage gespart, kann auch die beste Arbeit den Rest nicht mehr retten.

Das Fundament Ihres Projektes: die richtige Vorbereitung

Motivation erforschen

1

Als allererstes müssen Sie erst einmal Ihre eigenen Motive erforschen. Oder anders ausgedrückt: Ihr Eigeninteresse, Ihre Motivation an dem Projekt muss klar definiert sein. Als Frage formuliert: „Warum will ich dieses Projekt durchführen?“ Kann diese Frage mit einer einfachen, klaren Antwort versehen werden, zum Beispiel: „Ich will meinen Bereich weiter ausbauen und brauche dafür zusätzliche Kapazitäten“ oder auch: „Ich brauche eine neue Arbeitsstelle für mich selber“, dann ist der Start eines Projektes sinnvoll. Ist die Antwort undeutlich, „Ich denke, dass es mir helfen kann, dieses Projekt durchzuführen ...“. Dann sollten Sie sich noch mal überlegen, ob sich der ganze Aufwand lohnt.

Der Grund für diese einfache Frage ist abzuschätzen, wie hoch die eigene Motivation ist. Einen Projektantrag zu konzipieren und niederzuschreiben erfordert Zeit und Durchhaltevermögen. Mit zwei Tagen Arbeit ist es leider nicht getan. Eine Projektskizze muss erstellt, die Finanzierung gesichert, Mitarbeiter gefunden, das Budget geplant, der Projektantrag geschrieben werden ..., kurz, Sie müssen eine ganze Fülle an Aufgaben erledigen, bevor Sie mit Ihrem Projekt beginnen können. Insbesondere wenn die ersten Schwierigkeiten auftauchen, Mitstreiter abspringen oder Ideen nicht mehr zu funktionieren scheinen, ist schnell die Luft raus aus dem Arbeitsprozess. Lohnt es sich diesen (manchmal sehr beschwerlichen) Weg zu gehen oder gibt es einfachere Möglichkeiten? Viele Projekte scheitern im Laufe der Konzeption, weil den Teilnehmern erst während der Arbeit bewusst wird, wie viel Einsatz nötig ist, um ein Projekt von Anfang bis zum Ende durchzuplanen. Im besten Fall sind dann nur Zeit und Nerven verschwendet worden, im schlimmsten Fall sind Freundschaften zerbrochen und Arbeitskollegen sauer.

Und noch eine Sache, über die Sie vor dem Start Ihrer Projektkonzeption nachdenken müssen: Ist das Projekt bewilligt, muss es betreut werden. Auch dies kostet Zeit und Arbeitskraft, mehr als im Vorfeld erwartet wurde. Schaffen Sie es, neben Ihren alltäglichen Aufgaben auch die Übersicht über das Projekt zu behalten? Nimmt Ihnen das Projekt Aufgaben ab oder verursacht es mehr Arbeit, welche Sie nicht schaffen werden? Deshalb der gute Rat: Überlegen Sie sich vorher, ob dieses Projekt wirklich sinnvoll für Ihre eigene Arbeit ist. Ansonsten verzichten lieber auf den ganzen Stress und versuchen Sie anders an die Sache heranzugehen.

Um Ihre eigene Motivation genauer zu erforschen, können folgende Fragen helfen:

1. „Warum will ich ein Projekt starten?" – Was hat mich auf die Idee eines Projektes gebracht?
2. „Gibt es andere Möglichkeiten mein persönliches Ziel zu erreichen?" – Muss es ein Projekt sein, mit einem mehr oder weniger umfangreichen Antrag, oder gibt es auch andere Möglichkeiten, das zugrunde liegende Problem zu bearbeiten?
3. „Was ist mein persönlicher Vorteil von diesem Projekt?" – Was bedeutet es für mich persönlich, wenn das Projekt tatsächlich genehmigt wird und ich dafür verantwortlich bin?

Wenn Sie diese drei Fragen zu Ihrer Zufriedenheit beantwortet haben, dann, und erst dann, sollten Sie mit der eigentlichen Arbeit beginnen. Immerhin planen Sie ein Projekt, das kann man nicht so einfach nebenbei erledigen. Wie in der Einleitung beschrieben, erfordert nicht nur die Konzeption des Projektes Arbeit und Mühe, sondern erst recht die Durchführung. Da ist es lohnend, sich schon im Vorfeld Gedanken zu machen.

Ziele definieren 2

Nachdem Sie ihren persönlichen Nutzen herausgefunden haben, können Sie jetzt mit der eigentlichen Arbeit beginnen. Es gilt, zuerst das Ziel des Projektes klar zu beschreiben. Man spricht in diesem Zusammenhang auch von der Zieldefinition. Ein klares Projektziel vor Augen zu haben ist das A und O Ihrer Arbeit:

- Erst wenn der Sinn des eigenen Tuns klar ist, kann man seine Energien darauf konzentrieren. Bei unklaren Zielen verliert man schnell die Motivation. Sie werden im Verlauf der Projektkonzeption einige Durststrecken überwinden müssen, bei denen anscheinend gar nichts mehr zu funktionieren scheint. Mit einem klaren Ziel vor Augen fällt es leichter bei der Stange zu bleiben.
- Ein Ziel gibt die gemeinsame Richtung vor. Insbesondere wenn mehrere Personen an der Projektkonzeption beteiligt sind, ist es wichtig, sich im Vorfeld über den Sinn des Projektes zu einigen. Manchmal hat man Glück und alle arbeiten zusammen, aber in der Regel gibt es so viele Meinungen und Ziele, wie es beteiligte Personen gibt. Menschen haben das Bestreben, ihre eigenen Ideen und Ansichten in einem Projekt unterzubringen. Ein gemeinsames Ziel hilft, sich zusammen auf das Wesentliche zu konzentrieren.
- Wie erwähnt, ist ein Projekt nicht innerhalb eines Tages konzipierbar. Insbesondere wenn auch noch andere Aufgaben zu erledigen sind, wird die Projektkonzeption schnell zur Nebensache. Ein klares Ziel hilft dann, den roten Faden wiederzufinden. So unglaublich es klingt, aber viele Projektgruppen „vergessen“ im Laufe der Arbeit, was sie mit ihrem Projekt erreichen wollten. Am Ende arbeitet das Team an ganz anderen Dingen als an denjenigen, die eigentlich wichtig wären.

Ein Ziel zu definieren, kann eine schwierige Angelegenheit werden. Viele Menschen wollen lieber erstmal „loslegen“, als sich zu Beginn zu viele Gedanken zu machen. Seien Sie hier konsequent und überzeugen Sie sich selbst und Ihre Mitstreiter. Die Zeit, die Sie hier investieren, sparen sie doppelt und dreifach in späteren Phasen Ihrer Konzeption.

Versuchen Sie das Ziel Ihres Projektes in einem Satz zu erfassen. Meistens werden es dann doch zwei oder drei Sätze, aber wichtig bleibt dabei, dass es sich schnell und einfach verstehen lässt. Je einfacher das Ziel beschrieben wird, desto besser. Vermeiden Sie zu diesem Zeitpunkt Fachsprache und komplizierte Einzelheiten. Bei der eigentlichen Antragskonzeption haben Sie immer noch genug Zeit dafür. Schreiben Sie direkt und in Hauptsätzen. Sie wollen damit nicht nur sich selbst überzeugen, sondern auch Mitstreiter und Geldgeber. Deshalb feilen Sie an diesem Satz.

Beispiel:

Schlecht: „Das Projekt dient in erster Linie dazu, neben der Förderung benachteiligter Kinder und der Unterstützung deren Eltern, geringqualifizierten Männern und Frauen Möglichkeiten zu eröffnen, ihr eigenes Wohnumfeld mit ökologischen Aspekten zu versehen, die in der Nutzung eines eigenen Gartens liegen."

Gut: „Mit diesem Projekt sollen interkulturelle Gärten geschaffen werden, die benachteiligten Kindern offenstehen."

Konzentrieren Sie sich während Ihrer gesamten Projektkonzeption auf Ihr Ziel. Jeder Schritt, den Sie einplanen, muss in direktem Bezug zu diesem Ziel stehen. Am besten, Sie hängen sich das Ziel über Ihren Schreibtisch. Denken Sie aber auch daran, dass Ihr Ziel zu diesem Zeitpunkt erst in der Rohfassung vorliegt. Wenn Sie feststellen, dass Sie das Ziel modifizieren müssen, steht dem nichts entgegen. Ihr Ziel muss immer wieder überprüft werden. Gerade in der frühen Phase der Projektkonzeption werden Sie Ihr Ziel an neue Gedanken anpassen müssen. Wenn Sie zur Feinkonzeption kommen und zum Antragschreiben, sollte das Ziel feststehen und allen Beteiligten klar sein. Ansonsten kann es aber leicht passieren, dass die einzelnen Bausteine des Projektes nicht mehr zusammenpassen.

Mit das Wichtigste an einem guten Projekt ist, dass es in sich stimmig ist: Jeder Baustein passt zum Ganzen und kein Punkt ist überflüssig bei der Erreichung des Projektziels. Wie Ziele auszusehen haben und Methoden zur Definition von Zielen, erfahren Sie im Kapitel 2.4 „Ziele setzen".

Projektskizze erstellen 3

Um Ihr Projekt anderen vorzustellen und auch selbst einen Überblick zu bekommen, brauchen Sie eine Projektskizze. Diese umreißt das Projekt in groben Zügen und erklärt die wichtigsten Punkte in einer einfachen und knappen Form. Für Sie hat die Erstellung einer Projektskizze den Vorteil, dass Sie Ihre Gedanken erstmals aufschreiben und sich dabei mit den Ecken und Kanten Ihres Projektes auseinandersetzen müssen. Bei anderen soll die Skizze einen ersten Eindruck vermitteln und Interesse an der Projektidee wecken. Dementsprechend müssen Sie auch hier auf allzu weitläufige Formulierungen verzichten und lieber konkret und sachlich das mögliche Projekt darstellen. In der Projektskizze sollten folgende Punkte beschrieben werden:

- Das Ziel des Projektes, wie oben vorgestellt.
- Die Zielgruppe des Projektes, das heißt, wen das Projekt erreichen soll. Eine Zielguppe ist eine bestimmte Personengruppe, die Sie von anderen abgrenzen können, zum Beispiel Jugendliche, Computerexperten, alle Einwohner der Stadt X etc. Die genaue Abgrenzung werden Sie im eigentlichen Projektantrag vornehmen.
- Eine grobe Beschreibung des Projektes. Wie soll das Ziel erreicht werden? Wie sieht die Vorgehensweise im Allgemeinen aus? Auch hier reicht eine kurze Beschreibung der Kernpunkte des Projektes. Versuchen Sie Ihr Projekt in fünf bis zehn Zeilen zu beschreiben. Es muss für jeden schnell und einfach ersichtlich sein, was Sie machen wollen. Dieser Absatz ist der wichtigste Punkt in der Projektskizze. Nehmen Sie sich hierfür Zeit und arbeiten Sie an den einzelnen Sätzen.
- Mögliche Kooperationspartner. Hier haben Sie die Möglichkeit, direkt die Personen anzusprechen, die Sie für das Projekt als Unterstützer gewinnen wollen. Fügen Sie aber unbedingt an, dass es sich um erste Gedanken handelt. Wenn Sie Partner beschreiben, die noch nicht informiert worden sind, könnten diese sich überrumpelt fühlen.
- Potenzielle Geldgeber. Dabei müssen keine Namen oder konkrete Institutionen genannt werden. Es reicht aus, wenn Sie eine grobe

Übersicht über potenzielle Fördermöglichkeiten oder Investoren präsentieren. Falls Sie schon konkrete Ideen haben, kann es natürlich auch nicht schaden, diese zu benennen.

- Eventuell auch schon einen einfachen Bugetplan. Hier können Sie beschreiben, wie viele Personen am Projekt beteiligt sein werden, was Sie an Sachmitteln benötigen und generell wie Ihr finanzieller Rahmen aussieht. Geben Sie ungefähre Zahlen an, konkreter werden Sie dann im eigentlichen Projektantrag.
- Als Letztes fügen Sie einen Zeitplan mit an. Dabei brauchen Sie nicht in allen Einzelheiten das Projekt durchzudeklinieren, es reicht, den möglichen Beginn, die Dauer und das voraussichtliche Ende anzugeben. Damit haben Ihre Leser die Möglichkeit abzuschätzen, wie umfangreich Ihr Projekt werden soll und ob es in deren Zeitplanung passt.

Nutzen Sie die Projektskizze als Arbeitsdokument. Eine Projektskizze ist eher ein Diskussionspapier als ein fertiges Dokument. Laden Sie andere ausdrücklich zur Kritik ein, nur mit netten Worten allein kann man nichts verbessern. Aber seien Sie auch nicht enttäuscht, wenn andere an der Skizze kein gutes Haar lassen. Nehmen Sie Kritik als Anregung: Jeder Fehler, den Sie jetzt ausradieren, kann nicht mehr während des Projektes anfallen. Noch haben Sie Zeit etwas zu verändern.

Wenn Sie Ihre Projektskizze so weit fertig haben, dass Sie sie einem größeren Kreis zeigen können, achten Sie auf Rechtschreibung und das Layout. Es ist immer wieder zu bemerken, welch negativen Eindruck schlecht aussehende Papiere machen, in denen es zudem noch von Rechtschreibfehlern wimmelt. Wenn Sie selber nicht gut in diesen Dingen sind, holen Sie sich Hilfe. Es lohnt sich auf jeden Fall, Ihre Projektskizze muss präsentabel sein. Mit einer guten Skizze haben Sie zudem schon fast Ihren Projektantrag beisammen.

Eine Bemerkung noch zum Schluss. Viele Menschen haben Angst, dass mithilfe der Projektskizze andere die Idee stehlen und selber ein Konkurrenzprojekt starten könnten. Im Einzelfall müssen Sie das Risiko selber abschätzen. Generell sollten Sie positiv denken, mit der Projektskizze ist Ihre Idee im Umlauf und die Konkurrenz wird es schwer haben, diese als die eigene zu präsentieren.

4 Ausschreibungen suchen

Eigentlich ist es einfacher erst eine Ausschreibung im Auge zu haben und daraufhin dann ein Projekt zu entwickeln. Jedoch ist es in der Praxis die Regel, erst die Idee zu entwickeln und dann passende Ausschreibungen zu suchen. Wie auch immer Sie vorgehen: Ausschreibungen zu finden ist einfach, die richtige zu finden jedoch schwer.

Sollten Sie zu den glücklichen Personen gehören, die das Projekt mit internen Mitteln finanziert bekommen, überspringen Sie diesen Abschnitt. Ihren Chef zu überzeugen, wird Ihre Hauptaufgabe sein und genug Arbeit erfordern. Wenn Sie allerdings mit einer möglichen Fremdfinanzierung Punkte sammeln können, sollten Sie diese Möglichkeit nicht leichtfertig vergeben. Im Stadium der Projektkonzeption ist allein die Möglichkeit relevant.

Als Binsenweisheit gilt: Zu jeder Idee gibt es auch eine passende Ausschreibung. Das ist schon mal gut. Jedoch gilt als zweite Weisheit auch: Unter der Vielzahl möglicher Geldgeber den richtigen zu finden, ist nahezu unmöglich, es sei denn, man kennt sich mit der Materie aus. Das ist die schlechte Nachricht. Sie müssen dementsprechend genau suchen, um das für Sie Richtige zu finden. Wo finden sich Ausschreibungen?

Bekannte

Haben Sie Kontakt zu Personen, die in einem ähnlichen Bereich wie Sie arbeiten? Rufen Sie sie an und fragen einfach. Natürlich müssen Sie aufpassen, dass Ihnen keine Konkurrenz erwächst. Jedoch gilt hier, wie auch schon weiter oben beschrieben: Werden Sie nicht paranoid – Ihre Idee ist sicherlich auch schon anderen Personen gekommen. Hierzu ein Zitat des Drehbuchautors Arne Nolting: „Keine Idee ist so neu, als dass sie nicht schon im Film verwertert worden ist". Und ein Projekt auf die Beine zu stellen ist nicht so einfach. Sie müssen ja nicht jedes Detail vorab kundtun. Vielleicht lohnt es sich auch, Bekannte als Kooperationspartner in Ihr Projekt mit einzubeziehen?

Arbeitskollegen

Gibt es in Ihrer Institution schon Erfahrungen in der Projektarbeit? Haben Kollegen schon einmal Projekte durchgeführt, die kofinanziert wurden? Fragen Sie einfach Ihre Kollegen. Die Recherchen, die Sie machen müssen, wurden vielleicht schon an anderer Stelle für Sie erledigt. Vergessen Sie auch Ihre Mitarbeiter in der Verwaltung nicht, falls Sie welche haben. Diese müssen in der Regel die Abrechnungen machen und kennen eventuell sogar die Menschen von der anderen Seite persönlich.

Institutionen

Hiermit sind alle Stellen gemeint, die in Ihrem Bereich wichtig sind. Dazu gehören Dachorganisationen, Ministerien, Regierungsstellen, Gewerkschaften, Fachverbände etc. Vielerorts gibt es in diesen Institutionen Informationen über Fördermöglichkeiten. Sie sind bestimmt nicht der Erste, der sich dafür interessiert, und die Experten in diesen Institutionen kennen sich in der Regel mit der Förderlandschaft bestens aus. Am einfachsten ist immer, erstmal anzurufen und sich bis zum zuständigen Menschen durchzufragen. Eine unpersönliche Ansprache per E-Mail oder Brief führt dagegen in der Regel auch zu einer unpersönlichen Antwort, eventuell auch erst Wochen später.

Der letzte Tipp sollte sowieso für alle Ihre Kontakte gelten. Sie wollen bestimmt nicht wochenlang auf Antwort warten. Per Telefon lassen sich Fragen schnell und unkompliziert klären. Für Sie hat der persönliche Kontakt zudem noch einen weiteren Nutzen: Sie sind gezwungen, Ihr Projekt in wenigen Sätzen so zu erläutern, dass Ihr Gegenüber weiß, um was es dabei geht. Sie werden bei dieser Übung schnell feststellen, wo es in Ihrem Projekt hakt und was noch überdacht werden muss. Nutzen Sie dieses Training.

Sollten Ihre Recherchen nicht zum gewünschten Erfolg führen, steht noch die moderne Technik bereit. Das Internet ist ein Glücksfall für Recherchetätigkeiten. Jedoch ist die Suche nach Geldgebern hier genauso unübersichtlich wie in der realen Welt. Eine einfache Anfrage bei Google wird Ihnen wahrscheinlich 10 000 Treffer oder mehr bescheren, von denen höchstens ein Prozent für Ihren Fall relevant sein wird. Leider gibt es für die Suche nach Fördermöglichkeiten im Internet keine Tricks, die sich verallgemeinern lassen. Sie müssen selber suchen und auf Ihr Glück hoffen. Aus diesem Grund wurde diese Suchmöglichkeit hier auch erst ganz am Ende beschrieben. Nicht aus Technikfeindlichkeit, sondern aus praktischen Erwägungen heraus: Es kostet in der Regel einfach zu viel Zeit, sich durch das ganze Netz zu klicken.

5 Ausschreibungen genau lesen

Wenn Sie Fördermöglichkeiten für Ihr Projekt gefunden haben, achten Sie auf die Details in den Ausschreibungen. Wichtig: Ganz genau lesen, was, wer und unter welchen Kriterien gefördert wird. Es ist mehr als nur ärgerlich, wenn die ganze Arbeit am Ende umsonst gewesen ist, nur weil ein einzelnes Förderkriterium nicht erfüllt wurde.

Ein Beispiel aus der Praxis verdeutlicht das Problem: Ein Sozialprojekt beantragte bei der Europäischen Union eine Förderung für ein internationales Kinderdorf. Der Projektantrag war geschrieben, fünf internationale Projektpartner waren gewonnen und selbst die Kofinanzierung war gesichert. Leider wurde das Projekt abgelehnt, weil bei dieser speziellen Förderung Jugendliche anderen Alters gefördert wurden. Glücklicherweise konnte das Projekt mit einem ähnlichen Antrag bei einer anderen Ausschreibung beantragt wurden. Dadurch verzögerte sich das Projekt allerdings um mehr als ein Jahr.

Drei Fragen sind bei der Beantragung von Fördermitteln von existenzieller Bedeutung:

- Wer wird gefördert? – Prüfen Sie genau, welche Institutionen eine Förderung beantragen können und welche ausgeschlossen sind. Wie muss die Institution beschaffen sein, die Fördermittel beantragen kann? Wenn es nicht explizit in der Ausschreibung erwähnt wird, kann auch ein Blick in die Ziele der Fördermaßnahme helfen.
- Was wird gefördert? – Schauen Sie sich die Ziele der Fördermaßnahme an. Soll zum Beispiel die Forschung vorangebracht, sollen bestehende Ideen weiterverbreitet oder sollen bestimmte Bereiche entwickelt werden?
- Welche Kriterien muss der Antragsteller erfüllen? – Oft wird zum Beispiel eine Kofinanzierung aus Eigenmitteln vorausgesetzt, das heißt, der Antragsteller muss eigene (Finanz-)Mittel einsetzen. Oder sind Projektpartner vorgeschrieben?

Achten Sie bei Projektanträgen auf das Kleingedruckte. Vielfach finden sich in Ausschreibungen exakte Hinweise auf die Förderkriterien. Manchmal müssen Sie auch bei den Institutionen direkt nachforschen, welche Kriterien gelten. Teilweise sind diese nicht in den Ausschreibungen, sondern an anderer Stelle im Förderprogramm enthalten. Wenn Sie unsicher sind, rufen Sie auch hier einfach die zuständigen Personen an.

Denken Sie daran, dass Förderer in erster Linie ihre eigenen Interessen im Auge haben wollen und selten aus purem Altruismus Gelder an interessante Projekte verteilen. Je genauer Sie sich selber als Wunschkandidat präsentieren können, desto größer ist die Chance, dass Sie Erfolg haben. Oder andersherum: Je weniger Sie in die Förderkriterien passen, desto geringer ist die Wahrscheinlichkeit eines positiven Bescheides.

Versuchen Sie deshalb nicht auf Biegen und Brechen Ihren Antrag so zu stricken, dass Sie in eine bestimmte Fördermaßnahme passen. Die Konkurrenz ist groß, vielfach sind es nur Nuancen, die über Erfolg oder Misserfolg eines Antrages entscheiden. Wenn Sie nicht hundertprozentig das Förderziel erfüllen, lohnt sich meistens der ganze Aufwand nicht. Und bedenken Sie noch eines: Diejenigen, die den Antag letztendlich bewerten, verfügen über eine Menge Erfahrung. Es fällt sehr schnell auf, wenn Projekte auf „links" gestrickt wurden, das heißt, wenn eine Idee so umgeschrieben wurde, dass sie zwar ins Förderprogramm passt, in sich aber nicht mehr konsistent ist.

Machen Sie sich am besten eine Liste der harten Fakten von jeder Auschreibung, die sie in Betracht ziehen. Dann haben Sie auf einen Blick die wichtigsten Punkte parat und können abschätzen, ob Sie die geforderten Kriterien erfüllen oder nicht. Und vor allen Dingen können Sie so unwichtige Kriterien bei der späteren Antragsformulierung vergessen.

Und noch ein Tipp an dieser Stelle: Weniger ist oft mehr! Konzentrieren Sie sich lieber auf die Ausschreibungen, für die Ihr Projekt zutrifft, als wahllos an alle möglichen potenziellen Geldgeber heranzutreten. In der Regel hat ein gut gemachter Antrag bei einer Förderstelle mehr Erfolgsaussichten als zehn zusammengestückelte Papiere an zehn Stellen.

Die hier vorgestellten Punkte gelten in erster Linie für Ausschreibungen von Stiftungen, staatlichen Stellen oder sonstigen Institutionen, die sich der Förderung von Projekten verschrieben haben. Es gibt natürlich noch weitere Möglichkeiten, die Förderung eines Projektes zu erreichen. Dazu können private Förderer (Mäzene) gezählt werden, Unternehmen und Firmen, die keine Ausschreibungen veröffentlichen, aber trotzdem ein offenes Ohr für gute Ideen haben, und viele andere Institutionen. Wenn Sie in diesen Bereichen Chancen sehen, gelten die obigen Tipps nur bedingt. Trotzdem sollten Sie sich genau die Bedingungen durchlesen, unter denen ein Projekt gefördert wird. Das hilft, unliebsame Überraschungen zu vermeiden.

6 Für wen schreiben?

Sobald Sie anfangen, die ersten Skizzen zu Papier zu bringen, sollten Sie sich klarmachen, für wen sie den Antrag schreiben. Einen guten Autoren erkennt man daran, dass er sein Publikum kennt und exakt die richtige Wortwahl trifft. Journalisten und Werbefachleute arbeiten nach dieser Methode der zielgruppenspezifischen Ansprache: Verschiedene Zielgruppen brauchen unterschiedliche Ansprachen. Im Falle des Journalisten sind diese häufig durch die Käufer des Blattes vorgegeben. Die Boulevardzeitungen arbeiten mit wenig Text, vielen Bildern und großen Überschriften. Der Leser dieser Zeitungen will weniger informiert, als vielmehr unterhalten werden. Anders bei der sogenannten Qualitätspresse: Hier dominieren Texte und Hintergrundanalysen in Zeitungen und Zeitschriften. Die Sprache ist anspruchsvoller, die Texte sind länger und das Layout unterstützt die Inhalte.

Übertragen auf Ihre Arbeit bedeutet die zielgruppengerechte Ansprache, dass auch Sie sich erst einmal auf Ihren Personenkreis einstellen müssen. Sie schreiben Ihren Antrag für bestimmte Zielgruppen: hauptsächlich für die Bewerter, aber meist auch für Ihren Chef, Ihre Kollegen etc. Stellen Sie sich Ihre Adressaten im Einzelnen vor, versuchen Sie, sich in diese hineinzuversetzen. Was erwarten diese Personen von Ihnen? Was erwarten diese von Ihrem Projekt? Welches Interesse könnten sie an Ihrem Projekt haben? Ihre Adressaten können Sie in verschiedene Gruppen einteilen:

Ihre Fachkollegen kennen wahrscheinlich die Hintergründe Ihrer Idee und verwenden die gleiche Fachsprache wie Sie. Wenn Sie Ihre Idee mit diesen Personen durchdiskutieren möchten, können Sie viele Punkte als allgemeines Wissen voraussetzten. Ihre Projektskizze kann sich dementsprechend auf das Wesentliche konzentrieren: den innovativen Ansatz, die positiven Folgen für das Fachgebiet, die Einbettung des Projektes in den fachlichen Zusammenhang etc.

Mit Fachfremden hingegen wird es anders aussehen. Die sind in der Regel nicht mit Ihrem Thema vertraut und werden deshalb Fachwörter und Hintergründe nicht kennen. Machen Sie sich die Mühe und versuchen Sie, Fachsprache zu vermeiden und Hintergründe zu erklären. Es wird Ihnen helfen, Schwachpunkte im Projektdesign zu entdecken, und dazu beitragen, einzelne Arbeitsschritte zu vereinfachen. Wobei dies sich einfacher anhört, als es wirklich ist. Gerade wenn schon länger am Projektdesign herumgefeilt wurde, wird es unübersichtlich und kompliziert. Haben Sie dann das große Ganze im Auge und verlieren Sie sich nicht in Kleinigkeiten. Ihr Leser wird es Ihnen danken. Wenn Sie versuchen Ihre Projektskizze einfach und verständlich zu gestalten, werden Ihnen Fehler automatisch auffallen.

Anders sieht es aus, wenn Sie sich Ihre Vorgesetzen vorstellen (ein Glück, wenn es in Ihrem Fall keine geben sollte). Diese sind meist weniger am Fachlichen interessiert, sondern ganz direkt an knallharten Fakten: Was wird es kosten? Wie viel Zeit wird für das Projekt benötigt? Wie viele Personen müssen eingebunden werden? Und ganz wichtig: welchen Vorteil hat die Firma, die Stiftung, das Institut etc. davon? Beantworten Sie diese Fragen kurz und knapp. Bis auf die letzte Frage. Hier können Sie gerne etwas ausführlicher werden, aber bleiben Sie auf jeden Fall konkret. Rumgeschwafel nützt niemandem etwas.

Zu guter Letzt müssen Sie diejenigen ansprechen, die Ihr Projekt bewerten werden. Fragen Sie sich deshalb selber: Wer entscheidet über das Projekt? Wer gibt das positive oder negative Votum ab? Wenn es Ihre Fachkollegen sind oder es Ihr Chef ist, dann haben Sie oben schon die wichtigsten Tipps bekommen. Bei externen Institutionen sieht es schwieriger aus. In der Regel werden Sie die Personen nicht kennen. Aber Sie können einschätzen, welches Interesse die Institution hat. Ist diese zum Beispiel ein Fachverband, sind die Bewerter auch Personen, die sich mit der fachlichen Seite Ihres Projektes auskennen. Sie müssen dementsprechend die richtigen Fachwörter verwenden und sich auf eine starke fachliche Bewertung einstellen. Ist die Institution eher genereller Art, also weniger in Ihrem speziellen Fachgebiet verankert, sollten Sie Ihr Projekt allgemein verständlich beschreiben und den allgemeinen Nutzen herausstellen. Versuchen sie deshalb, das Interesse der Institution herauszufinden. Bei Stiftungen zum Beispiel reicht ein kurzer Blick ins Internet und der Stiftungszweck wird deutlich. Viele gute Projekte scheitern an diesem Punkt: Der Antragsteller liefert einen fachlich hervorragenden Antrag ab, den jedoch außer einer Handvoll Experten keiner versteht. Machen Sie nicht den gleichen Fehler.

Zusammenfassend lassen sich die Punkte auf einen kurzen Satz bringen: „Jemand, der Ihren Antrag nicht versteht, wird auch keine positive Bewertung liefern." Deshalb müssen Sie für Ihre Zielgruppen schreiben. Für jeden der hier vorgestellten Personen müssten Sie deshalb eigentlich eine eigene Projektskizze schreiben. Zeitlich ist das in der Regel aber nicht möglich. Versuchen Sie deshalb in Projektdiskussionen Ihre Zielgruppen direkt anzusprechen. In Ihrer Projektskizze und später auch im Projektantrag müssen Sie jedoch alle Zielgruppen erreichen. Die hohe Kunst besteht darin, alle wichtigen Zielgruppen gleichzeitig anzusprechen. Kapitel 2.12 „Den Projektantrag schreiben" geht näher auf den zielgruppenspezifischen Stil ein.

7 Genung Zeit einplanen

Einen guten Antrag kann man man nicht innerhalb weniger Tage entwerfen. Auch Rom (oder Berlin oder Hinterhüttenfeld) wurde nicht an einem Tag gebaut. Leider passiert es aber oft, dass jemand zufällig eine Ausschreibung findet, und dann muss noch schnell vor Antragsschluss ein Antrag zusammengeschustert werden. Alle Beteiligten verfallen in Hektik und mithilfe von Nachtschichten wird etwas zusammengeschrieben, das kaum überprüft und wenig zusammenhängend ist. Die Erfolgsaussichten eines solchen Antrages sind mehr als bescheiden.

Laufen Sie nicht in diese Falle. Planen Sie Zeit ein für:

1. Die Konzeption des Antrages: Allein die Verschriftlichung Ihrer Idee wird ein paar Tage in Anspruch nehmen. Geben Sie keinen Entwurf aus der Hand, den Sie nicht mindestens fünfmal überarbeitet haben. Ein oder zwei Nächte eine Idee zu überschlafen, hat auch noch niemandem geschadet.
2. Die Überprüfung Ihrer Idee: Kollegen und Freunde sollen Ihre Skizze überprüfen können. Auch diese Personen brauchen Zeit, um sich in Ihre Idee einzuarbeiten und um ein vernünftiges Feedback zu geben.
3. Um Verbündete zu finden: Sicherlich brauchen Sie Mitstreiter, um Ihr Projekt umsetzen zu können. Die Suche nach diesen Menschen braucht Zeit, schließlich wollen Sie sich ja nicht mit den Erstbesten begnügen. Denken Sie daran, dass Sie sich im Projektverlauf auf diese Personen verlassen müssen.
4. Die Suche nach Geldgebern: In der Regel müssen Sie andere von Ihrem Projekt überzeugen, um die Finanzierung zu sichern. Niemand wird Ihnen spontan Geld zur Verfügung stellen, nehmen Sie sich für die Überzeugungsarbeit Zeit.
5. Budgetplan erstellen: Auch hier wollen Sie im Projektverlauf sicherlich keine Überraschungen erleben. Sie werden in der Regel nur so viel bekommen, wie sie beantragen. Den Rest werden Sie im Zweifelsfall selber finanzieren müssen.
6. Die Ausschreibung lesen: Wie oben schon angesprochen, liegen hier einige Fallstricke. Nehmen Sie sich die Zeit und achten Sie

insbesondere auf Dokumente, die Sie vorlegen müssen. Eine Bankbescheinigung zu erhalten zum Beispiel benötigt einige Tage.

Sie können an dieser kurzen Aufzählung die Zeit erahnen, derer es bedarf, um ein Projekt auf die Beine zu stellen. Als einfache Regel können Sie sich merken: Sie müssen alles, was im Projektverlauf auf Sie zukommen wird, schon jetzt berücksichtigen. Wenn Ihr Projekt über zwei Jahre laufen soll, sind das ziemlich viele Einzelpunkte. Bei EU-Projekten rechnet man mit mindestens drei Monaten bis zu einem halben Jahr, bis ein Antrag fertig ist. Wie das in Ihrem speziellen Fall aussieht, hängt von verschiedenen Dingen ab: Ist eine Kofinanzierung nötig, sind Projektpartner erforderlich, wie streng sind die Antragskriterien etc. Machen Sie sich einen Plan für Ihren Zeitbedarf.

Und rechnen Sie immer mit Murphys Law: Alles was schiefgehen kann, geht auch schief. Fehler können Sie nicht verhindern, aber Sie können Zeit einplanen, um die Fehler zu beheben. Und sei es nur, dass die Druckerpatrone leer ist, wenn Sie die Abgabeversion Ihres Antrages ausdrucken wollen. Wenn Ihnen das am Abend vor der Abgabefrist passiert, kann es sehr eng werden. Zu diesem Punkt noch ein Tipp: Viele Anträge kann man heutzutage per E-Mail abgeben. Dies führt dazu, dass Stunden vor der Abgabefrist viele Antragsteller noch schnell den Antrag per E-Mail einreichen wollen. Manchmal schafft der Server das hohe Aufkommen nicht mehr und die E-Mails erreichen gar nicht oder nur mit Fehlern den Empfänger. Ist die Frist abgelaufen, gibt es oftmals keine Möglichkeit mehr, den Antrag noch nachträglich einzureichen.

Im Kapitel 2.9 „Projektzeitplan erstellen“ finden Sie einige Hilfsmittel, um Ihre Zeitplanung zu strukturieren.

8 Mitstreiter finden

Bleiben Sie nicht allein. Sie wollen schließlich auch ein wenig Spaß am Projekt haben. Es ist sehr wichtig für Ihren Projektantrag, diesen mit anderen Menschen durchdiskutieren zu können. Suchen Sie sich Menschen, mit denen Sie gut zusammenarbeiten, und arbeiten Sie Ihre Projektskizze mit ihnen durch. Fragen Sie direkt nach Kritik, bedenken Sie: Alles was gut ist, fällt nicht auf bzw. braucht keine Verbesserung mehr. Es nützt Ihnen wenig, wenn andere Ihnen erzählen, wie gut sie das Projekt finden. Was Ihnen weiterhilft, ist das Hervorheben der Schwachstellen.

Versuchen Sie eine feste Gruppe zu gewinnen, die mit Ihnen Ihre Idee durcharbeitet. Sie brauchen einen festen Stamm von Mitarbeitern, die Ihnen ein kontinuierliches Feedback geben und Sie während der gesamten Konzeptionsphase begleiten können. Am leichtesten wird es für Sie, wenn Sie zu Anfang drei bis fünf Vertraute in Ihre Planungen einbeziehen, mit denen Sie unbefangen über Ihre Zweifel und Probleme diskutieren können. Diese Personen sollten sich in Ihrem Fachgebiet auskennen. Versuchen Sie aber auch, mit fachfremden Personen Ihr Projekt durchzudiskutieren. Gerade von diesen Menschen bekommt man ein unabhängiges Feedback zu Punkten, die Fachleute eher als gegeben hinnehmen.

Mit diesen Personen sollten Sie regelmäßige Treffen einplanen, zum Beispiel einmal die Woche. Damit verhindern Sie, dass Ihr Projekt bei Ihnen und bei anderen in der täglichen Arbeit untergeht. Wenn möglich, erstellen Sie für sich und Ihre Unterstützer einen Zeitplan für die Treffen. Das ist der einfachste Weg, um sich selber und andere zu motivieren.

Als offiziellen Startpunkt können Sie ein gemeinsames Auftakttreffen veranstalten. Stellen Sie Ihr Projekt auf diesem Treffen kurz vor und formulieren Sie gleichzeitig offene Punkte, mit denen Sie Probleme haben. Dies hilft den Teilnehmern, einen Ansatzpunkt zu finden, und hebt die Diskussionsfreude. Ein offizielles Auftakttreffen stärkt auch den Zusammenhalt, jeder Teilnehmer fühlt sich (im Idealfall) verpflichtet, etwas zu dem Projekt beizutragen.

Planen sie für diese Treffen verschiedene Schritte ein. Am Anfang steht die Diskusssion um die Projektidee im Vordergrund. Später wird es eher um Details und einzelne Projektelemente gehen. Versuchen Sie, dies auch Ihren Mitstreitern nahezubringen. Ansonsten können sich Diskussionen leicht in Detailfragen verlieren und das große Ganze gerät aus dem Blick. Sie können auch die Diskussionsthemen vorgeben, dass zum Beispiel nur über die Finanzierung, den Zeitplan oder über Mitarbeiter gesprochen wird. Sicherlich wird Ihre Skizze am Ende ganz anders aussehen als zu Anfang. Es gibt nur wenige Menschen, die etwas in einem Schritt so zu Papier bringen können, dass es nichts mehr auszusetzen gibt.

Zu diesem Zeitpunkt sollten Sie auch schon anfangen, Mitstreiter für das eigentliche Projekt zu finden. Auch dieser Prozess dauert meist länger als geplant. Eine Herausforderung dabei ist, zwischen interessierten Personen und potenziellen Projektpartnern zu unterscheiden. Es nützt Ihnen wenig, wenn Sie zwar viele interessierte Menschen gefunden haben, aber diese, wenn es ernst wird, wieder abspringen. Versuchen Sie deshalb potenzielle Partner gleich in die Planung mit einzubeziehen. Wenn Ihr Gegenüber mit Freude dabei ist und Ihnen Ergebnisse liefert (am besten auch noch schriftlich), können Sie sicher sein, dass er auch im späteren Projektverlauf noch mitarbeiten wird.

Und ein Hinweis noch zum Schluss: Gerne wird auf bekannte Personen als Projektpartner zurückgegriffen. Denken Sie daran, dass es während des Projektverlaufes garantiert zu Konflikten kommen wird. Ein Projekt mit mehreren Beteiligten wird nicht ohne Spannungen ablaufen, diese sind einfach vorprogrammiert. Fragen Sie sich selber, ob Sie das mit den gewählten Personen durchziehen können. Sie müssen in der Lage sein, im Interesse des Ganzen auch unbequeme Entscheidungen zu treffen. Können Sie sich danach noch in die Augen schauen? Manchmal ist es besser Kollegen als gute Freunde zu behalten, anstatt aus Ihnen Mitarbeiter zu machen.

Mehr über die Arbeit im Team und wie Sie Ihre Mitstreiter konstruktiv in Ihr Projekt einbinden können, erfahren Sie im Kapitel 2.2 „Mitarbeiter suchen und mit ihnen arbeiten“.

9 Eigenanteil finanzieren

Viele Geldgeber erwarten, dass ein Teil des Projektes vom Antragsteller mitfinanziert wird. Dies ist der sogenannte Eigenanteil. Mit das Wichtigste am ganzen Projekt und leider auch der Teil, an dem viele Projekte scheitern. Die Höhe des Eigenanteils wird zumeist in der Ausschreibung genannt. Deshalb gilt auch hier: lesen Sie sich die Aussschreibung gut durch. Bei den meisten EU-Projekten wird zum Beispiel ein Eigenanteil von 50 % eingefordert. Das heißt, dass die Mittel, die Sie beantragen, nicht mehr als die Hälfte Ihres Gesamtbudgets ausmachen dürfen. Am Anfang klingt die Formulierung Eigenanteil noch etwas gewöhnungsbedürftig, doch Sie werden schnell damit vertraut werden.

Was genau als Eigenanteil abgerechnet werden kann, ist von Ausschreibung zu Ausschreibung sehr verschieden. Vielerorts gibt es nicht einmal klare Regeln. Sie können dann nur versuchen, bei den zuständigen Mitarbeitern anzurufen und direkt nachzufragen. Hierfür benötigen Sie jedoch klare Fragen, eine allgemeine Nachfrage nach den anrechenbaren Kosten wird auch nur allgemein beantwortet werden. Generell lassen sich (ohne Anspruch auf Vollständigkeit zu erheben) folgende Mittel als Eigenanteil in ein Projekt einbringen:

Spenden: Das einfachste Mittel. Spenden seitens Dritter sind natürlich als Eigenanteil einrechenbar. Nur leider ist dies auch mit der schwierigste Punkt, Sie müssen potenzielle Spender erst einmal finden. Das Gute daran – Spenden müssen nicht unbedingt in Geldform erfolgen, vielfach kann auch Arbeitszeit bzw. eine Dienstleistung abgerechnet werden.

Fremdleistungen: Hierunter wird alles verstanden, was Dritte in das Projekt einbringen. Jede Dienstleistung oder auch jedes Sachmittel, die Sie nicht über das Projekt finanzieren müssen, können Sie als Eigenanteil einbringen. Hierzu gehören zum Beispiel Studien, Öffentlichkeitsmaßnahmen, Sachmittel etc.

Personalkosten: Jeden Mitarbeiter Ihres Projektes, der nicht mit Projektmitteln bezahlt wird, können Sie als Eigenanteil einbringen. Dazu können auch Sie selber gehören. Wenn Sie einen Teil Ihrer (bezahlten) Arbeitszeit in das Projekt investieren, gilt dies als Eigenanteil. Gleiches gilt für andere Mitarbeiter in Ihrer Institution. In größeren Betrieben zum Beispiel wird die Projektabrechnung von eigenen Abteilungen durchgeführt. Diese Arbeit kann auch im Projekt verbucht werden.

Bürokosten: Haben Sie einen Arbeitsplatz? Wenn Sie einen Teil Ihrer Zeit dem Projekt widmen, können Sie natürlich auch die Miete bzw. Kosten für Ihr Büro sowie für Rechner, Telefon und sonstige Hilfsmittel mit in das Projekt einbringen.

Bei allen diesen Punkten gelten zwei wichtige Regeln: Die Kosten müssen in irgendeiner Form belegbar sein und sie müssen angemessen sein, d.h. es dürfen keine Phantasiebeträge abgerechnet werden. Als Beleg können Sie alles verwenden, was Sie in irgendeiner Form schriftlich vorliegen haben. Dazu gehören Rechnungen, Spendenquittungen oder auch das Ergebnis der Arbeit selber. Einige Beispiele:

- Wenn einer Ihrer Mitarbeiter eine Studie für das Projekt erstellt, die nicht aus Projektmitteln finanziert wird, können Sie dies als Eigenanteil einrechnen, Sie müssen dann aber sicherstellen, dass diese Studie auch wirklich nur für das Projekt erstellt wurde.
- Eine Dienstleistung, zum Beispiel die Öffentlichkeitsarbeit seitens einer Agentur, kann durch eine Rechnung der Agentur abgebucht werden.
- Personalkosten müssen Sie nachweisen können, zum Beispiel durch eine Lohnabrechnung.

Was und wie Sie abrechnen, kommt auf den Einzelfall an. Viele Institutionen rechnen zum Beispiel Overhead-Kosten auch über pauschale Beträge ab oder es gibt unterschiedlich hohe feste Förderbeiträge.

Aber denken Sie an die zweite Regel: es muss auch angemessen sein. Wenn Sie Tagessätze von 1000 Euro für einen Praktikanten ansetzen, haben Sie bestimmt schnell Ihren Eigenanteil zusammen, jedoch werden Ihre Erfolgschancen bei der Antragstellung gegen null gehen. Erfahrungen zeigen, dass beim Eigenanteil viel akzeptiert wird, und je höher der Eigenanteil, desto sicherer sind die Erfolgschancen Ihres Antrages. Es wird jedoch auch viel Schindluder mit dem Eigenanteil getrieben. Ob eine kreative Buchführung die

Chancen Ihres Antrages erhöht, ist allerdings fraglich. Die Bewerter Ihres Projektvorschlages kennen in der Regel die Tricks. Gerade auf die Finanzierung wird als Erstes geachtet. Versuchen Sie im Rahmen zu bleiben.

Mehr zu diesem Thema finden Sie in Kapitel 2.8: „Budgetplan erstellen“.

10 Öffentlichkeit einbeziehen

Bei vielen Projekten ist Öffentlichkeitsarbeit unabdingbar und wird in den Ausschreibungen auch explizit gefordert. Öffentlichkeitsarbeit ist die Methode, mit der Sie Ihr Projekt einem weiteren Personenkreis bekannt machen. Sollte Ihr Projekt nur firmeninternen Zwecken dienen und nicht an die Öffentlichkeit gelangen, dann brauchen Sie diesen Absatz nicht weiterzulesen.

Zwei Punkte sprechen dafür, sich intensiv mit dem Thema Öffentlichkeitsarbeit während der Antragstellung auseinanderzusetzen. Der erste Punkt betrifft direkt die Förderinstitution, die Sie sich ausgesucht haben: Jeder sieht seine Organisation gerne in der Öffentlichkeit präsentiert, bei potenziellen Geldgebern ist das nicht anders. Auch für deren Institution ist es ungemein wichtig in der „Szene“ bekannt zu sein. Machen Sie ihnen eine Freude und positionieren Sie im Projekt Elemente, mit denen Ihre Förderer sich in ein gutes Licht stellen können.

Der zweite Punkt betrifft die moderne Wissensgesellschaft: Früher dienten Projekte in erster Linie dazu, neues Wissen zu generieren. Heutzutage ist es wichtiger geworden, vorhandenes Wissen aufzuspüren und publik zu machen. Man spricht auch vom Wechsel von der Wissensgenerierung hin zur Wissensvermittlung. Dieser Punkt gewinnt immer mehr Bedeutung. Dank des Internets ist Wissen überall präsent und verfügbar. Auf dem Markt der Ergebnisse gibt es alles. Wie diese Fülle an Informationen richtig kanalisiert werden kann und wie neuen Problemen bestehende Lösungen angepasst werden können, das ist die Herausforderung der Zukunft. Viele Geldgeber wollen hier etwas „sehen“ bzw. in Projekten muss auf diesen Punkt eingegangen werden: Ein Beispiel aus einer Aussschreibung: „... wie wird vorhandenes Wissen in das Projekt integriert und wie werden die Ergebnisse des Projektes in der Zielgruppe publik gemacht?“ Die Öffentlichkeitsarbeit dient dazu, Ihre Ergebnisse der Fachgemeinde und/oder einem breiteren Publikum zur Verfügung zu stellen.

Wie sie Ihr Projekt in der Öffentlichkeit präsentieren und wie sie Ihre Mitarbeiter und Förderer einbinden, da dürfen Sie gerne kreativ sein. Denkbar ist zum Beispiel:

- Workshops zu veranstalten, bei denen auch Ihr Geldgeber auftritt,
- Veranstaltungen zu organisieren, auf denen Förderer die Keynote, also die Auftaktrede, halten dürfen,
- Sitzungen, Meetings etc. mit verschiedenen Institutionen oder Firmen inklusive Ihres Förderers abzuhalten,
- Pressekonferenzen zu organisieren, wenn Ihr Projekt für die Öffentlichkeit interessant ist,
- Presseartikel schreiben, bei denen das Projekt explizit erwähnt wird,
- Feste feiern, auf denen auch Ihr Geldgeber präsent ist, eine Rede halten oder sich sonstwie präsentieren kann.

Schauen Sie sich ähnliche Projekte an und was diese in diesem Bereich unternommen haben. Wenn Sie in einem größeren Rahmen arbeiten, können Sie sich bzgl. dieses Punktes auch an eine PR-Agentur wenden und dies mit in Ihren Antrag aufnehmen.

Bedenken Sie zum Schluss auch noch eines: Öffentlichkeitsarbeit ist nicht so einfach, wie es zuerst den Anschein hat. Nicht umsonst tummeln sich viele professionelle Anbieter in diesem Bereich. Es benötigt in der Regel viel Zeit und Engagement, um eine vernünftige Öffentlichkeitsarbeit zu betreiben. Auch wenn Sie „nur" eine Veranstaltung planen, sollten Sie genug Zeit dafür vorsehen.

11 Kontakt zum Förderer aufbauen

Es wird in vielen Projekten vergessen, ist aber unbedingt nötig: der regelmäßige Kontakt mit Ihrem Förderer. Insbesondere während der späteren Durchführung des Projektes werden gute Kontakte wichtig, deshalb muss schon im Antrag beschrieben werden, wie Sie Ihren Förderer einbinden wollen.

Sie können aber auch schon während der Antragsphase versuchen, den potenziellen Geldgeber mit einzubeziehen. Das mag zu Anfang sehr schwierig sein, schließlich wollen Sie ja etwas von ihm und nicht umgekehrt. Trotzdem ist es einen Versuch wert. Es gibt verschiedene Gründe, Ihren Förderer so früh und so umfangreich wie möglich in Ihr Projekt einzubinden:

- Diese Personen kennen sich am besten mit den eigenen Förderrichtlinien aus. Sie können Ihnen sagen, ob Sie oder Ihre Institution überhaupt für eine Förderung in Frage kommen.
- Ihr Förderer kann Ihnen Tipps für Ihr eigentliches Projekt liefern. Er wird über mehr Erfahrung verfügen als Sie und eventuell auch bereit sein, bei Problemen zu helfen. Bei großen Institutionen gibt es eigens Personen, die für die Betreuung der Antragsteller eingestellt werden.
- Teilweise wissen Menschen in den Förderinstitutionen über den Markt sehr gut Bescheid und können Partner nennen, die für Ihr Projekt in Frage kommen. In der Regel werden dies auch Partner sein, die schon einmal mit der Institution zusammengearbeitet haben und deshalb vertrauenswürdig sind bzw. einen guten Ruf genießen.

Um mit den zuständigen Personen aus Ihrer potenziellen Förderinstitution in Kontakt zu kommen, ist der einfachste Weg wieder der direkte Telefonkontakt. Sicherlich haben Sie schon am Anfang die eine oder andere Frage. In der Regel sind die Mitarbeiter gerne bereit, Ihnen Auskunft zu geben. Nur wenn Sie das Gefühl bekommen, dass Kontakte nicht erwünscht sind, sollten Sie lieber davon Abstand nehmen. Seien Sie auf jeden Fall immer höflich, egal was Ihr Gegenüber Ihnen sagt. Stellen Sie konkrete Fragen, vermeiden Sie es, dem anderen Zeit zu stehlen. Wenn Sie keine konkreten

Fragen haben, sollten Sie auch nicht anrufen. Ihr Gegenüber wird ganz schnell merken, ob es Ihnen ernst ist oder nicht.

Während des eigentlichen Projektverlaufs gibt es darüberhinaus noch weitere Gründe, warum Sie Ihren Auftraggeber eng in das Projekt einbeziehen sollten. Versuchen Sie sich in Ihren Förderer hineinzuversetzen: Der Förderinstitution ist genauso an einem Projekterfolg gelegen wie Ihnen. Deshalb wird Ihr Partner Sie auch gerne mit Rat und Tat unterstützen. Zudem können mit einem guten Verhältnis Veränderungen im Projektdesign schnell und unkompliziert abgesprochen werden: Früher oder später treten bei jedem Projekt Probleme auf. Mit guten Kontakten können Sie die Problematik mit Ihren Geldgebern diskutieren und gemeinsam Lösungen finden. Damit können Sie im Idealfall auch Verantwortung abgeben. Wenn Sie gemeinsam Lösungen suchen, ist Ihr Geldgeber auch mit verantwortlich, dass die Lösung funktioniert.

Selbstverständlich müssen Sie eine Überforderung Ihres Gegenübers vermeiden. Ein bisschen Fingerspitzengefühl ist vonnöten. Versuchen Sie regelmäßige Treffen im Projektantrag unterzubringen. Sie können eine sogenannte Steuergruppe beschreiben, die aus den Projektteilnehmern inklusive des Geldgebers besteht. Diese ist eine Art Überwachungsgremium für den Projektverlauf. Setzen Sie feste Berichtszeiten im Projektantrag fest, an denen Sie Ihren Geldgeber persönlich vom Fortgang des Projektes informieren. Definieren Sie Workshops mit Experten, in denen auch der Projektverlauf diskutiert wird ...

Beherzigen Sie noch ein paar eigentlich selbstverständliche Regeln für den Umgang mit Ihrem Förderer:

- Halten Sie Deadlines unbedingt ein.
- Geben Sie Ihre Unterlagen immer vollständig ab. Vermeiden Sie Anträge, wo ein Nachweis nach dem anderen zu einem späteren Zeitpunkt nachgereicht werden soll.
- Gehen Sie auf Wünsche und Forderungen ein. Nehmen Sie Kritik von Seiten Ihrer Geldgeber ernst.
- Versuchen Sie im Konfliktfall Kompromisse zu formulieren, d.h. Ihre Position und die Ihres Geldgebers zusammenzuführen.
- Informieren Sie Ihren Förderer über alles Wichtige sofort.
- Informieren Sie kurz, knapp und sachlich.

Es ist immer wieder erstaunlich zu sehen, wie manche Antragsteller mit Ihren potenziellen Förderern umgehen. Erfolgreich sind diese Projekte dann allerdings nicht. Auch wenn Deadlines viel zu schnell näherrücken und Hektik ausbricht, müssen Sie diese Grundregeln beherzigen. Wenn Sie nicht ausreichend informieren, provozieren Sie Konflikte, die einfach unnötig sind und viel mehr Zeit in Anspruch nehmen werden als eine kurze Notiz per E-Mail erfordert. Niemand rennt gerne Informationen hinterher.

Versuchen Sie einfach, generell ein gutes Verhältnis zu Ihrem Geldgeber aufzubauen. Es lohnt sich.

12 Hilfsmittel nutzen

Zum guten Schluss dieses Kapitels noch ein Wort zu gebräuchlichen Hilfsmitteln. Vor allem zu Beginn stellt sich die Frage, wie man sich die Arbeit vereinfachen kann. Und natürlich vereinfacht es das Projektmanagement, wenn man spezielle Programme verwendet. Der Nachteil ist aber, dass man häufig viel Zeit investieren muss, um die Programme zu beherrschen.

So gibt es unzählige Projektmanagementprogramme mit denen sich Projekte am Computer planen und darstellen lassen. Alle bieten Tabellen und Grafiken an, die den Projektverlauf visualisieren und das Arbeiten generell vereinfachen sollen. Leider haben diese Programme aber auch den Nachteil, dass man sich schnell in grafischen Details verliert und das Ganze dann unübersichtlich wird. Auch lassen sich viele Grafiken nur nachvollziehen, wenn alle Anwesenden mit dem gleichen Programm arbeiten. Einem Laien werden Sie, wenn Sie so ein Programm nutzen, erst einmal alle Punkte erklären müssen.

Generell können die Programme aber ein gutes Hilfsmittel darstellen. Wenn Sie Erfahrungen mit einem solchen Programm haben, nutzen Sie sie. Versuchen Sie dabei aber so einfach wie möglich zu bleiben und nutzen Sie nicht alle angebotenen Features. Vieles ist einfach überflüssig. Wenn Sie keine Erfahrung haben, reichen Word und Excel, bzw. Open Office völlig aus. Selbst viele erfahrene Projektmanager nutzen diese Programme, da sich die Zusammenarbeit mit Förderern und Projektpartnern leichter gestalten lässt, wenn alle das gleiche Programm nutzen.

Für Ihren Budgetplan sollten Sie ein Kalkulationsprogramm verwenden. Gebrauchen Sie nicht Wordfunktionen, diese haben die Angewohnheit bei größeren Datenmengen abzuschalten. Auch hier gilt wie oben: Es gibt unzählige Anbieter für spezielle Programme, aber wenn Sie sich erst einmal einarbeiten müssen, lassen Sie es. Excel ist relativ einfach und gut für diese Zwecke zu nutzen. Im Internet finden Sie Vorlagen für die Projektkalkulation, die sie sich umsonst herunter laden können. Verwenden Sie auf jeden Fall die Möglichkeit, sich Summen automatisch ausrechnen zu lassen. Gerade bei größeren Datenmengen treten ansonsten leicht Rechenfehler auf. Rechnen Sie lieber dreimal nach, als hier Fehler zu machen. Gerade in der Projektkalkulation zeigt sich, ob sie zuverlässig sind.

Ein Internetauftritt gehört heutzutage zum Standardprogramm. Dieser sollte nicht nur Kontaktdaten und allgemeine Informationen beinhalten, sondern auch Informationen speziell für Ihre anvisierten Projektförderer bieten. „Wer sind sie? Was sind ihre Kompetenzen? Warum ist ihre Institution was Besonderes?" Nehmen Sie, wenn möglich, professionelle Dienste in Anspruch. Zwar gibt es heutzutage einfache Programme, mit denen sich relativ schnell ein eigener Auftritt zusammen stellen lässt, jedoch lässt das Design häufig zu wünschen übrig. Versuchen Sie Ihren Auftritt möglichst einfach zu gestalten. Es ist sehr aufwendig eine Internetseite auf den neuesten Stand zu halten. Vermeiden Sie deshalb zu viele Spielereien.

In den nächsten Kapiteln werden zu vielen Punkten einfache grafische Hilfsmittel vorgestellt. Sie können diese direkt nutzen und selber erstellen, oder im Internet entsprechende Vorlagen suchen. Wie ihre Tabellen und Grafiken ausschauen, bleibt ihrem Geschmack überlassen. Eine Richtlinie hierfür gibt es nicht. Wichtig ist nur, dass Sie Ihr Projekt übersichtlich darstellen können. Das ist das eigentliche Ziel der ganzen Arbeit. Eine Tabelle oder eine Grafik, die nur Sie durchschauen können, nützt Ihnen vielleicht, aber anderen macht es nur die Arbeit schwer. In der Wissenschaft gibt es den Spruch: „Wer Sachverhalte unverständlich darstellt, kann es nicht anders oder will damit sein Unwissen kaschieren." Sie hingegen können es und wissen über Ihr Projekt Bescheid. Stellen Sie sich und Ihr Projekt auch so dar.

Und noch zuletzt ein ganz wichtiger Tipp: Wenn in der Projektausschreibung ein bestimmtes Format angegeben ist, dann halten sie sich daran. Nutzen Sie auf keinen Fall Ihre eigene Darstellung, auch wenn Sie sie für besser halten. Sie haben dann die Formalien nicht erfüllt und werden erst gar nicht in den weiteren Prozess einbezogen. Schade um die ganze Arbeit (siehe auch Kapitel 2.11 – Das Schreiben des Antrages).

Zusammenfassung: 10 Do-its and Don'ts

Zehn Dinge, die Sie vor Ihrer Projektkonzeption beachten sollten ...

Das sollten Sie vor Beginn des Projektes tun:

1. Erforschen Sie Ihre eigene Motivation. Ist ein Projekt wirklich sinnvoll?
2. Definieren Sie klare Ziele. Je kürzer und prägnanter Sie Ihr Projektziel definieren, desto besser.
3. Erstellen Sie eine erste Projektskizze. Überarbeiten Sie diese regelmäßig.
4. Finden Sie Förderer und lesen Sie sich deren Kriterien genauestens durch. Möglichst mehrmals.
5. Beschreiben Sie Ihr Projekt zielgruppenspezifisch. Jeder Ihrer Ansprechpartner hat andere Erwartungen an Ihr Projekt.
6. Planen Sie genug Zeit für alles ein. Es dauert immer länger, als man denkt.
7. Bleiben Sie nicht allein. Es ist sinnvoller und macht mehr Spaß, gemeinsam mit anderen ein Projekt zu entwickeln.
8. Machen Sie sich intensiv Gedanken zur Finanzierung – vor der Projektkonzeption! Sie müssen in der Regel eigene Mittel in das Projekt mit einbringen.
9. Versuchen Sie Elemente der Öffentlichkeitsarbeit mit in Ihr Projekt einzubinden.
10. Bauen Sie, von Anfang an, intensiven Kontakt zu Ihren Förderern auf, es lohnt sich.

... und zehn Dinge, die Sie tunlichst vermeiden sollten:

Und das sollten Sie nicht tun:

1. Fangen Sie einfach an, an Ihrem Projektantrag zu schreiben, alles Weitere wird sich finden.
2. Versuchen Sie eine Festlegung Ihrer Projektziele zu vermeiden. Sie erreichen viel mehr Menschen, wenn jeder sich etwas Eigenes unter dem Projekt vorstellen kann.
3. Beschreiben Sie Ihr Projekt anderen in vagen Worten. Je undeutlicher Sie bleiben, desto geringer wird Kritik ausfallen.
4. Versuchen Sie Ihr Projekt bei möglichst vielen Förderinsitutionen unterzubringen. Irgendwo wird es schon klappen.
5. Schreiben Sie für sich und Ihre Kollegen. Nur wer Ihren Antrag versteht, ist klug genug.
6. Planen Sie in möglichst engen Zeiträumen. Nur unter Druck arbeitet es sich am effektivsten.
7. Arbeiten Sie an Ihrem Projektantrag alleine, andere Personen kosten nur Zeit. Sie wissen am besten, wie Ihr Projekt aussehen soll.
8. Machen Sie sich über die Finanzierung erst am Ende Ihrer Konzeption Gedanken. Bei Ihren guten Ideen wird schon jemand von alleine Unterstützung anbieten.
9. Führen Sie Ihr Projekt nur für einen exklusiven Kreis durch. Wer mehr über das Projekt wissen möchte, kann sich selber informieren.
10. Halten Sie Ihren Förderer auf Distanz. Solange er nichts weiß, wird er auch nicht stören.

2 Der Projektantrag: In 12 Schritten zum Ziel

Vorbemerkung

In diesem Kapitel wird es konkret: Sie fangen mit Ihrem Projektantrag an. Die folgenden Seiten liefern Ihnen eine Vorlage, die Sie von der Idee bis zum fertigen Antrag begleiten wird. Gehen Sie der Reihe nach vor und arbeiten Sie sich nacheinander durch die einzelnen Abschnitte. Wenn Sie ein konkretes Projekt im Blick haben, können Sie gleich anfangen, Ihren Projektantrag zu schreiben. Sie werden am Ende einen vollständigen und abgabebereiten Antrag haben.

Denken Sie wieder daran, dass die Konzeption eines Projektes Zeit erfordert. Unterschätzen Sie den Zeitbedarf für die einzelnen Schritte nicht. Seien Sie dementsprechend nicht verzweifelt, wenn Sie scheinbar nur sehr langsam vorankommen. Das ist nur natürlich, ein Projekt muss sich entwickeln können. Sie werden im Laufe der Projektentwicklung immer wieder Anpassungen vornehmen müssen, aber alles, was sie am Anfang gut durchdacht haben, wird Ihnen am Ende Zeit einsparen. Sie müssen dann nicht vollständig von vorne anfangen. Nehmen Sie sich deshalb die Zeit für jeden einzelnen Punkt und arbeiten Sie diesen sauber aus.

Und noch ein Tipp zum Schluss: Wenn Sie über ausreichend Platz verfügen, schreiben Sie sich die wichtigsten Punkte auf ein großes Blatt Papier und hängen Sie dieses gut sichtbar an eine Wand. Zum einen haben Sie so den Überblick und können überprüfen, ob einzelne Punkte zusammenpassen. Zum anderen kommen einem die besten Ideen, wenn man vor sich hinträumt und dabei eine Vorlage gut sichtbar vor sich hat. Einen Projektantrag zu konzipieren erfordert ein hohes Maß an Kreativität. Schaffen Sie sich Raum, um diese zu entwickeln.

12 Schritte von der Idee zum fertigen Antrag

1. Der Start
2. Zusammenarbeit organisieren
3. Die Ausgangslage analysieren
4. Ziele setzen
5. Arbeitspakete schnüren
6. Organisationsplan entwickeln
7. Der Projektzeitplan
8. Budgetplan erstellen
9. Risikoanalyse erstellen
10. Projektstrukturplan erstellen
11. Das Schreiben des Antrages
12. Überprüfung und Auswertung

Die Abgabe

1 Der Start

Jetzt ist es an der Zeit, mit der eigentlichen Arbeit zu beginnen. Dabei besteht der Start noch nicht darin, am Projektantrag zu arbeiten. Vielmehr müssen Sie zuerst grundlegende Fragen klären, einen Arbeitsplan erstellen und, wichtig, Kollegen und Vorgesetzte von Ihrem Vorhaben informieren.

1. Ist ein Projekt die richtige Lösung?

Wie schon im vorherigen Kapitel angesprochen, müssen Sie zu allererst Ihre Idee genauer analysieren. Diesmal sollen Sie allerdings weniger Ihre eigenen Motive erforschen als vielmehr Ihre Projektidee als solche. Generell soll ein Projekt dazu dienen, ein vorhandenes Problem zu lösen. Als ersten Schritt müssen Sie deshalb das Problem genau beschreiben.

Das hört sich leicht an, kann aber zu erheblichen Schwierigkeiten führen. Stellen Sie sich selber die Frage: „Was ist der Kern des Problems?“ Versuchen Sie, die Antwort in einem Satz zu formulieren: „Das Problem ist, dass ....“ Wenn Sie diese Antwort in einem kurzen, leicht verständlichen Satz beantworten können, haben Sie Ihr Kernproblem gefunden und beschrieben. Wenn Sie mehr als einen Satz benötigen, haben Sie Ihr Kernproblem noch nicht gefunden. Natürlich sind Probleme immer sehr vielschichtig. Aber es nützt Ihnen wenig, wenn Sie schon mit zu vielen Punkten anfangen. Es besteht die Gefahr, dass Sie sich mit Einzelheiten verzetteln und am Ende kein konsistentes Projekt zustande bringen. Konzentrieren Sie sich auf Ihr Hauptproblem und lassen Sie zu diesem Zeitpunkt alle anderen Aspekte außer Acht. Sie müssen den eigentlichen Kern des Projektes beschreiben können. Kompliziert wird es nachher immer noch. In einem späteren Schritt werden Sie über die allgemeine und konkrete Zieldefinition Ihren weiteren Projekthintergrund ausleuchten (siehe Kapitel 2.4 „Ziele setzen“).

Sie können zur Definition des Problemes noch einen anderen Ansatz ausprobieren: Ein Projekt zeichnet sich durch eine zeitliche Befristung aus. Viele gut gemeinte Projekte erzielen keine konkreten Ergebnisse, einfach weil das Problem nicht im vorgesehenen

Projektzeitraum bearbeitet werden kann. Stellen Sie sich die Frage: „Ist mein Problem in einem zeitlich klar abgesteckten Rahmen zu lösen oder wenigstens signifikant zu verändern?“ Wenn Sie diese Frage für sich verneinen müssen, gehen Sie wieder zum ersten Punkt der Problemdefinition zurück. Versuchen Sie Ihr Problem weiter einzukreisen, so dass Sie zu einem zeitlich befristeten Rahmen gelangen.

2. Arbeitsplan erstellen

Ihr Problem liegt Ihnen klar vor Augen? Dann können Sie anfangen Ihre Arbeit zu planen. Nicht nur für das Projekt brauchen Sie einen Zeitplan, sondern auch für die Erstellung des Antrages. Ein Zeitplan hilft Ihnen, Ihr Ziel nicht aus den Augen zu verlieren und sich auf die anstehenden Aufgaben zu konzentrieren. Wer kennt das nicht: Die Motivation ist hoch und der Start ist vielversprechend, aber dann müssen noch wichtige Arbeiten erledigt werden, Kollegen wollen etwas von einem und viele andere Dinge sind plötzlich wichtiger. Die Folge: Der Projektantrag liegt halb fertig auf dem Schreibtisch und man kommt nicht voran damit.

Skizze Zeitleiste

Dauer

- allgemeine Vorbereitungen
- Vorgesetzte informieren
- Mitstreiter suchen

- Ausgangslage
- Ziele definieren
- Arbeitspakete entwerfen

- Projektpläne entwickeln

- Antrag schreiben und abgeben

Gesamt: 10 Wochen

Ihr Zeitplan sollte so einfach wie möglich gestrickt sein. Zwar gibt es auch hierfür Computerprogramme, aber die meisten Programme erzeugen mehr Aufwand, als letztendlich an Zeit eingespart wird. Es reicht aus, wenn Sie sich eine einfache Zeitleiste aufmalen und Zeitpunkte markieren, zu denen bestimmte Aufgaben erledigt sein sollten. Planen Sie dabei großzügig, das kann gar nicht oft genug wiederholt werden. Eine Projekt zu entwerfen, frisst Zeit und Ressourcen. Und hängen Sie sich Ihren Zeitplan über Ihren Schreibtisch, dann wird er in Ihrer anderen Arbeit nicht untergehen.

3. Kollegen und Vorgesetze einbeziehen

Noch etwas sollten Sie zu Anfang beachten: Treffen Sie Absprachen mit Kollegen und Chefs. Sie brauchen diese in den verschiedenen Phasen der Projektkonzeption. Je eher Sie sie auf Ihre Arbeit hinweisen, desto länger haben diese Personen Zeit, sich auf Ihr mögliches Projekt einzustellen. Suchen Sie mit Ihrer Projektskizze zuerst Ihren Vorgesetzen auf und besprechen Sie Ihre nächsten Schritte. Eigentlich ist dieser Punkt selbstverständlich, er soll hier auch nur der Vollständigkeit halber erwähnt werden. Als Nächstes sollten Sie Ihre Kollegen informieren. Beziehen Sie auf jeden Fall Ihre Kollogon von Anfang an mit in die Arbeit ein, insbesondere wenn:

- es Überschneidungen in Zuständigkeitsbereichen gibt, das heißt, wenn Teile Ihres Projektes in den Aufgabenbereich von Kollegen fallen. Niemand lässt sich gerne in seinen Arbeitsbereich hineinreden. Wenn Sie das nicht vorher in einem persönlichen Gespräch geklärt haben, können Sie u.U. einen konsequenten Gegner „heranzüchten“, der das ganze Projekt zu Fall bringen kann.
- Gleiches gilt, wenn Sie die Arbeitskraft von Kollegen mit in Ihr Projekt einplanen. Versuchen Sie Ihre Kollegen für das Projekt zu gewinnen. Am einfachsten gelingt dies, wenn Sie jedem, der Sie in diesem Projekt unterstützen soll, etwas anbieten können. Das können zum Beispiel Arbeitserleichterungen im eigenen Bereich sein, materielle Vorteile (Reisen zu Konferenzen im Ausland), neue Verantwortlichkeiten etc. Unterschätzen Sie auch nicht die Motivation „Anerkennung“. Womit Sie im Einzelnen Ihre Kollegen ködern, müssen Sie je nach den Gegebenheiten klären.

Und noch eines sollten Sie bedenken: Im Projektverlauf wird es so gut wie sicher Problemen geben, die Sie nicht alleine lösen können. Je mehr Ihrer Kollegen von Beginn an sich für Ihr Projekt aussprechen oder sogar mit in die Arbeit eingebunden sind, desto mehr Unterstützung werden Sie in schwierigen Situationen erhalten.

Versuchen Sie die wichtigsten Personen möglichst früh in Ihr Projekt einzubeziehen. Wie weiter oben schon erwähnt, fangen Sie am besten mit Ihren Vorgesetzten an. Wenn Sie von dieser Stelle positive Rückmeldungen erhalten, können Sie Ihre Kollegen ansprechen. Informieren Sie die „Keyplayer" persönlich. Erst danach sollten Sie Ihre Projektidee einem größeren Kreis vorstellen. Sie schaffen sich auf diese Weise gleich zu Beginn Verbündete. Ihre Keyplayer sollten Sie in einem persönlichen Gespräch zuerst nur über Ihre Grundgedanken informieren. Danach können Sie Ihre Projektidee (siehe Projektskizze) innerhalb eines kleinen Vortrages der ganzen „Wichtiggruppe" gemeinsam vorstellen. Sie werden ein erstes Feedback erhalten und können Ihre Erfolgsaussichten einschätzen. Stellen Sie auf jeden Fall Ihre Projektskizze allen Beteiligten einen Tag vor Ihrer Präsentation zur Verfügung, dann kann jeder sehen, was ihn erwartet. Wenn möglich, sollten Sie Ihre Präsentation mit PowerPoint unterstützen. Das ist heutzutage einfach Standard.

Mit diesem Ablauf, erst den Chef zu informieren, dann enge Kollegen und zum Schluss erst einen weiteren Kreis, können Sie auch vermeiden, dass andere Ihre Idee „klauen". Sie müssen irgendwann Ihre potenziellen Konkurrenten informieren. Je später Sie diese einbeziehen, desto besser. Und gleichermaßen: Je eher Sie sich Verbündete suchen, die Sie in Diskussionen unterstützen werden, desto geringer ist die Chance, dass neidische Kollegen Ihre Projektidee zerreden. Wenn Sie nur neidische Kollegen haben, müssen Sie natürlich anders vorgehen. Dann sollten Sie nur Ihre Vorgesetzen einbeziehen und erst mit einem fertigen Projekt vor Ihre Kollegen treten.

Methoden, wie Sie Ihre Mitstreiter in das Projekt mit einbeziehen können, erfahren Sie im nächsten Abschnitt. Wichtig für Sie ist zu diesem Zeitpunkt erst einmal, dass Sie sich einen Freundeskreis schaffen, der Sie in Ihrer Arbeit unterstützt. Es wird Ihnen viele Arbeitsschritte erleichtern.

2 Zusammenarbeit organisieren

Die Bedeutung der Zusammenarbeit mit anderen Menschen wurde im vorherigen Kapitel erläutert. In diesem Absatz werden jetzt die Methoden vorgestellt, mit denen Sie die Zusammenarbeit effektiv gestalten können. Zuvor aber eine grundlegende Bemerkung zur Teamarbeit:

Häufig wird Teamarbeit mit Arbeitsentlastung verwechselt. Der Einzelne hofft, dass andere Teammitglieder die eigenen Aufgaben mitschultern. Wenn alle so denken (oder auch nur ein kleiner Teil des Teams), dann ist von einer Zusammenarbeit keine Rede mehr. Teamarbeit vereinfacht nicht, sondern erhöht im Gegenteil die Komplexität einer Aufgabe. Teamarbeit führt in der Regel zu mehr Arbeit, da das Team organisiert werden muss und Abstimmungsprozesse Zeit erfordern. In der Fachsprache hört sich das so an: „Generell dient die Zusammenarbeit im Team weniger der Arbeitserleichterung durch Arbeitsteilung, sondern vielmehr der Produktivitätssteigerung." Auf der anderen Seite stehen die unübersehbaren Vorteile der Teamarbeit: Ein funktionierendes Team besteht im Idealfall aus Menschen mit verschiedenen Hintergründen. Jeder bringt seine eigenen Erfahrungen, sein persönliches Wissen und seine eigene Herangehensweise in das Projekt ein. Ein Team verringert das Risiko von Fehlentscheidungen, vergrößert die Wissensbasis, vermeidet Betriebsblindheit und erzielt Leistungen durch Synergieeffekte, die dem Einzelnen nicht möglich sind. Und noch eines ist unwiderlegbar: es bringt einfach mehr Spaß, zusammen mit anderen etwas zu entwickeln, als nur im stillen Kämmerlein vor sich hinzuarbeiten.

Da Sie Ihre Projektidee realisieren wollen, müssen Sie die aktivste Rolle in der Gruppe spielen. Sie müssen organisieren, motivieren, führen, die Gruppe zusammenhalten und vieles mehr. Damit Sie Ihrer Rolle gerecht werden, sollen hier zuerst die wichtigsten Grundlagen vermittelt werden: Wie funktionieren Menschen und wie funktionieren Gruppen?

1. Der Einzelne

Menschen sind Individuen und glücklicherweise sehr unterschiedlich. Jeder Mensch bringt seine eigenen Erfahrungen in die Arbeit der Gruppe ein, aber er hat auch Erwartungen und Wünsche. Die aller Gruppenmitglieder unter einen Hut zu bekommen, ist nicht einfach. Sie müssen die Wünsche der Einzelpersonen kennen und berücksichtigen. Man kann es auch in der Fachsprache ausdrücken: Jeder Mensch besitzt ein Eigeninteresse. Wenn Sie das Engagement der Menschen fördern wollen, müssen Sie deren Eigeninteresse ansprechen. Bei Ihrer potenziellen Projektgruppe werden Sie bei den meisten Personen dieses Eigeninteresse schnell erkennen. Sei es, dass Teile des Projektes in ihren Arbeitsbereich fallen, dass eine Unterstützung der eigenen Arbeit erwartet wird, die eigene Stellung verbessert werden soll und so weiter. Versuchen Sie Ihre Mitarbeiter auf deren Interessen anzusprechen. Zum Beispiel: „Ein Teil dieses Projektes würde deine Probleme in diesem Bereich lösen." Oder „Wenn Sie diesem Punkt zuarbeiten, können Sie von der Lösung in diesem Rahmen profitieren." Wie auch immer Sie anfangen, mit solchen Sätzen haben Sie eine Motivationsgrundlage, mit der sie beide arbeiten können. Merksatz: Sie müssen jedem etwas anbieten können.

Ähnlich dem Eigeninteresse hat auch jeder Mensch Bedürfnisse, deren Erfüllung er sich wünscht. Die einfachsten Bedürfnisse des Menschen sind Schlafen, Essen und Trinken. In einer Gruppe besitzen Menschen spezielle Bedürfnisse. Die Fachliteratur beschreibt vier Hauptbedürfnisse:

- Kontakt: Der Mensch ist ein soziales Wesen. Er benötigt Kontakte zu anderen.
- Sicherheit: Jeder Mensch hat ein mehr oder weniger ausgeprägtes Bedürfnis nach Sicherheit. Auch in der Gruppe sucht er danach.
- Autonomie: Das Bedürfnis nach Autonomie muss ebenfalls in der Gruppe erfüllt werden. Der Einzelne will als Mensch ernst genommen werden.
- Gerechtigkeit: Dieses Bedürfnis wird häufig unterschätzt. Auch in der Gruppe besteht ein ausgeprägtes Gefühl für Gerechtigkeit.

Diese Grundbedürfnisse, deren Erfüllung jeder Mensch individuell in unterschiedlichem Maße erwartet, müssen Sie immer im Hinterkopf parat haben. Erfüllen Sie bei der Zusammenarbeit möglichst alle Bedürfnisse: Kontakte, indem Sie gemeinsame Treffen organisieren; Sicherheit, indem Sie eine gute Atmosphäre schaffen; Autonomie, indem Sie jedem einen eigenen Bereich und eigene Verantwortlichkeiten zuordnen; Gerechtigkeit, indem alle die gleiche Arbeitsbelastung haben. Gibt es einen Konflikt in der Gruppe, prüfen Sie, ob ein Bedürfnis nicht erfüllt worden ist. Dann können Sie zielgerichtet darauf einwirken. Viele personenbezogene Konflikte gehen auf die Nichterfüllung von Bedürfnissen zurück. Jemand fühlt sich ausgegrenzt, unsicher, ungerecht behandelt, meint, seine Arbeit werde nicht anerkannt etc. Arbeiten Sie deshalb im Konfliktfall mit diesem Schema. Prüfen Sie, welches Gefühl gerade verletzt worden ist, und sprechen Sie die Person direkt darauf an. Es gibt viele Möglichkeiten, die verschiedenen Bedürfnisse zu erfüllen. Menschen sind auch bereit, wenn ein Bedürfnis nicht erfüllt wird, sich mit Kompensationen zufrieden zu geben.

2. Die Gruppe

Jede Gruppe ist anders, und doch sind die grundlegenden Strukturen in der Entwicklung immer wieder gleich. Verschiedene Phasen kennzeichnen das Entstehen von Gruppen. Die Kenntnisse dieser Phasen sind für Ihre Arbeit wichtig. Sie müssen die Gruppe organisieren und dabei entspannt genug bleiben, um zur eigentlichen Arbeit zu kommen. Die folgende Beschreibung beruht auf dem Fünf-Phasen-Modell nach Garland, Jones und Colodny. Es basiert auf Untersuchungen im Bereich sozialer Gruppenprozesse. Sie waren die ersten, die Merkmale und Maßstäbe für Gruppenprozesse beschrieben haben. Der Einfachheit halber wurde die letzte Phase „Trennung der Gruppe“ weggelassen.

Die 1. Phase: Forming (Orientierung und Annäherung)

Die Gruppe ist noch neu, jeder muss erst einmal seinen Platz in der Gruppe finden. Hier erfolgt das gegenseitige „Abtasten“. Die Mitglieder stellen sich aufeinander ein, es wird geschaut, wer sonst noch in der Gruppe ist und ob die eigenen Vorstellungen und

Wünsche mit der Wirklichkeit übereinstimmen. In dieser Phase sollte der lockere Austausch im Vordergrund stehen. Die inhaltliche Arbeit steht in Hintergrund. Wichtig ist hier, die emotionale Ebene (Bedürfnisse) zu berücksichtigen.

Die 2. Phase: Storming (Abgrenzung und Positionen beziehen)

Die Gruppe hat sich gefunden und ist miteinander vertraut geworden. Jetzt werden eigene Interessen vertreten, Wünsche formuliert und Meinungen ausgetauscht. Die inhaltliche Auseinandersetzung gewinnt an Bedeutung. Häufig treten in dieser Phase Konflikte auf. Es ist notwendig jedem Mitglied Raum zu geben, um seine Vorstellungen einbringen zu können. Jeder muss sich an der Diskussion beteiligen können. Appellieren Sie an die Gemeinsamkeiten der Gruppe, lassen Sie das Ziel erst einmal außer Acht. Diese Phase ist mühselig, aber auch wichtig, um das Team zu bilden.

Die 3. Phase: Norming (Klärung)

Die Zusammenarbeit erhält eine Struktur. Rollen werden verteilt, „Rangordnungen“ festgelegt. Regeln und Normen werden gesucht, nach denen die Gruppe arbeiten kann. Auch die inhaltliche Ausrichtung wird geklärt. In dieser Phase muss Grundsätzliches geklärt werden, sonst tauchen damit verbundene Konflikte immer wieder auf und rauben Zeit. Die Regeln, nach denen die Gruppe arbeitet, müssen von allen akzeptiert werden. Versuchen Sie allzu feste „Rollen“ der Teilnehmer zu verhindern. Bremsen Sie Vielredner, wechseln Sie die Moderation etc. Ist diese Phase erfolgreich beendet, ist der Weg frei für die eigentliche Arbeit.

Die 4. Phase: Performing (Inhaltliche Arbeit)

Die Gruppenmitglieder sind miteinander vertraut. Verantwortlichkeiten sind festgelegt und die Struktur der Arbeit ist geklärt. Die Unterschiede und Gemeinsamkeiten sind deutlich geworden und werden akzeptiert. Die inhaltliche Arbeit steht im Vordergrund. Diese Phase ist nicht statisch. Es finden immer wieder „Miniprozesse“ analog der ersten drei Phasen statt. Initiieren Sie diese Miniprozesse, wenn Sie Konflikte bemerken, die nicht auf der Sachebene auftreten.
Ihre Gruppe wird diese vier Phasen benötigen, um sich zusammen-

zufinden. Selbst bei Menschen, die sich schon gut kennen, sei es im Berufsleben oder privat, werden die Phasen so ablaufen. Deren Überwindung wird aber deutlich weniger Zeit in Anspruch nehmen als bei Gruppen mit völlig Unbekannten. Wenn sich Ihre Mitstreiter schon kennen, können Sie alle vier Phasen im Idealfall in einer Sitzung bewältigen. Leider kann man die Zeit, die für den ganzen Prozess benötigt wird, nur schlecht abschätzen. Jede Gruppe ist anders und die Gruppendynamik muss sich erst entwickeln. Sie können jedoch mit ein paar einfachen Tricks den Prozess beschleunigen:

Wie baue ich ein arbeitsfähiges Team auf?

Die maximale Gruppengröße für Ihr Team beträgt sechs bis sieben Personen. Mehr Personen im Team bedeuten, dass der persönliche Kontakt zu kurz kommt und Diskussionen gerne ausufern. Wenn Ihre Gruppe größer ist, versuchen Sie ein Kernteam aufzubauen und die anderen Personen in einem weiteren Kreis an der Arbeit zu beteiligen. Häufig rennt man hier offene Türen ein, viele sind froh, die Arbeit anderen überlassen zu können, und wollen selber nur informiert werden. Letzteres sollten Sie dann aber auch regelmäßig betreiben. Benennen Sie die Mitarbeiter Ihres Kernteams auch so, das schafft noch mal ein Herausstellungsmerkmal für den Einzelnen. Nehmen Sie sich vor Beginn der Arbeit ein paar Grundregeln zu Herzen:

- Alle Beteiligten müssen dicht am Thema bleiben. Vermeiden Sie Diskussionen über fachfremde Themen – seien Sie hier hart und greifen, wenn nötig, ein. Es nützt niemandem, wenn über etwas ganz anderes geredet wird, als ursprünglich geplant. Dafür ist nach den Sitzungen immer noch Zeit.
- Der Einzelne muss seine Position in der Gruppe haben. Er muss sich mit seiner Erfahrung wertgeschätzt fühlen und darf nicht in der Gruppe untergehen. Sprechen Sie gegebenenfalls Menschen direkt in der Gruppe an: „Wie denkst du mit deiner Erfahrung als ... über diesen Punkt?“
- Das Eingehen auf den Einzelnen darf nicht dazu führen, dass das Ziel aus dem Blick gerät. Es wird immer einen in der Gruppe geben, der Monologe hält, dabei aber wenig zu der Sache beiträgt. Bremsen Sie diese Personen sanft aus. Im Notfall müssen Sie

sie auch im Satz unterbrechen und zum Thema zurückführen. Denken Sie daran, auch für die anderen Personen im Raum wird es schnell langweilig.
- Vermeiden Sie allgemeine Fragen an die Gruppe.

Starten Sie Ihre Arbeit mit einem Auftakttreffen. Schon im ersten Kapitel wurde angesprochen, wie wichtig ein erstes gemeinsames Treffen ist. Hier werden die entscheidenden Grundlagen für die weitere Zusammenarbeit gelegt. Schaffen Sie deshalb ein angenehmes Klima. Eine entspannte Atmosphäre ist die Grundlage jedes Treffens. Finden Sie einen Raum, der die richtige Größe besitzt und einen angenehmen Aufenthalt ermöglicht. Ordnen Sie die Stühle so an, dass sich die Personen in die Augen schauen können. Wenn möglich, benutzen Sie auch Tische. Sorgen Sie für ein angenehmes Miteinander: Getränke wie Selters, Tee und Kaffee sowie Kekse bzw. Kuchen sind immer willkommen.

Begrüßen Sie die Anwesenden und nennen Sie das Ziel des Treffens und der Arbeit insgesamt. Fangen Sie mit einer Kennenlernrunde an. „Wer ist wer?" „Warum ist jeder Einzelne hier?" „Was erwartet jeder von diesem Treffen?" Mit diesen drei Fragen können sich alle Beteiligten vorstellen.

Fragen Sie die Teilnehmer, wie viel Zeit sie mitgebracht haben. Normalerweise ist jeder bereit ca. eine bis eineinhalb Stunden bei einem Treffen zu verbringen. Danach lässt bei vielen die Konzentration nach. Wenn Ihr Treffen länger dauert, planen Sie eine Pause nach eineinhalb Stunden ein. Fragen Sie zu Beginn der Pause aber unbedingt nach, wer danach noch anwesend sein wird. In der Regel „verschwinden" einige Personen in der Pause. Denken Sie daran, dass die Teilnehmer freiwillig anwesend sind. Seien Sie also nicht beleidigt, wenn Personen früher gehen möchten.

Stellen Sie den Ablauf des Treffens dar. „Was passiert heute?" Legen Sie einen einfachen Ablaufplan schriftlich vor. Sie können ihn verteilen oder mithilfe eines großen Stück Papiers (Flipchart, siehe unten) an die Wand heften. Es hilft den Teilnehmern abzuschätzen, wie lange das Treffen dauern wird und was sie erwartet. Ihnen wird es helfen, wichtige Punkte nicht zu vergessen. Ein einfacher Ablaufplan könnte folgende Punkte beinhalten: Vorstellung der

Teilnehmer, Vorstellung des Projektes, Erste Meinungen, Offene Fragen, Weitere Schritte

Arbeitshilfe Flipchart

Als Flipchart werden DIN-A3-Blätter bezeichnet, die als Block an einem Ständer angebracht sind. Während einer Sitzung können auf diesem großen (Telefon-)Block Stichpunkte festgehalten werden, Diskussionen können damit strukturiert oder ein Ablaufplan präsentiert werden. Die Teilnehmer haben mit diesem Hilfsmittel die wichtigsten Punkte jederzeit vor Augen.

Stellen Sie nach einer Begrüßungsrunde ihre Projektskizze kurz vor und erklären Sie den Hintergrund Ihres Projektes. Nutzen Sie einen Beamer und PowerPoint (wenn möglich). Visualisierung hilft vielen Teilnehmern. Erwarten Sie nicht, dass alle Anwesenden sich schon mit Ihrem Projektvorschlag vertraut gemacht haben.

Starten Sie die Diskussion mit einer oder mehreren Fragen: Zum Beispiel, welche Erwartungen die Anwesenden an das Projekt haben, was Sie mit dem Projekt erreichen wollen oder wie die Arbeit aussehen soll. Diese Fragen sollten Sie bewusst allgemein formulieren. Jeder Teilnehmer ist dann aufgefordert, seine Ideen und Vorstellungen in die Gruppe einzubringen. Setzen Sie nach einiger Zeit einen Schlusspunkt. „Mit Blick auf die Zeit sollten wir hier einen Einschnitt machen ..." Sortieren Sie gemeinsam mit der Gruppe die Diskussionspunkte. Sie brauchen in dieser Phase noch keine Ergebnisse zu formulieren, das geschieht erst in den nächsten Sitzungen. Auch die Teilnehmer brauchen Zeit, die Beiträge der anderen zu verarbeiten. Abschließend können Sie den Teilnehmern Raum für Wünsche und Vorstellungen bieten. Fragen Sie direkt: „Was wünschen Sie sich von diesem Projekt?" – Dann wissen Sie auch gleich über das Eigeninteresse Ihrer Teilnehmer Bescheid und können sie damit zielgerichtet motivieren.

Arbeitshilfe Kartenabfrage

In Fachkreisen wird diese Methode auch Metaplan genannt. Ziel ist, Stichworte zu sammeln und schriftlich festzuhalten. Kern der Arbeitsweise ist, dass jeder Teilnehmer eigenständig seine Ideen als Stichpunkte gut lesbar auf Karten aufschreiben soll (für jedes Stichwort eine Karte). Die Karten sollten nicht zu klein sein, ein gutes Format ist Karteikartengröße. Nutzen Sie dicke Stifte, die Stichpunkte müssen auch aus ein paar Metern Entfernung lesbar sein. Die Karten werden während der Diskussion an einer Wand platziert und jeder soll vor der Gruppe seine Stichworte kurz erläutern. Danach beginnt die Sortierung der Karten gemeinsam mit der Gruppe. Sie können auch schon eine Struktur vorgeben und eine erste Sortierung während der Vorstellung vornehmen. Die weitere Diskussion können Sie dann anhand der Karten organisieren.

Eine Kartenabfrage ist für viele Teilnehmer eine neue Erfahrung. Die meisten Menschen belächeln zuerst diese Form der Strukturierung. Sie müssen am Anfang deutlich machen, worauf es bei der Beschriftung ankommt und was der Sinn und Zweck der Karten ist. Sie werden selber feststellen, am Ende sind plötzlich alle sehr zufrieden mit der Methode.

Es werden einige Koffer mit Karten in verschiedenen Formen und Farben zum Kauf angeboten, sogenannte Metaplankoffer. Es können zum Beispiel Wolken genutzt werden, um besondere Überpunkte zu kennzeichnen, Kreise, um einen anderen Punkt herauszustreichen, etc. Allerdings sind diese Koffer teuer, auch stoßen die Formenvielfalt und das bunte Design in nicht pädagogischen Kreisen eher ab. Verzichten Sie auf zu viele spielerische Elemente. Einfache Karteikarten reichen und sind viel günstiger.

Machen Sie am Ende des Treffens konkrete Angebote für die Weiterarbeit. Am wichtigsten ist, gleich einen Termin für das nächste Treffen festzulegen. Gut ist auch, bis zum nächsten Mal Aufgaben zu verteilen. Übertreiben Sie aber nicht, wenn die Gruppe noch sehr unsicher ist und überfrachten Sie die Teilnehmer nicht mit Aufgaben. Sie bauen damit nur unnötigen Druck auf.

Die Regeln, die für das Auftakttreffen gelten, sind natürlich auch für die weiteren Treffen existentiell. Beachten Sie bei allen Ihren Treffen die gruppendynamischen Prozesse, wie weiter oben im Vierphasenmodell beschrieben. Richten Sie die Inhalte Ihrer Treffen nach der Gruppe aus, nicht umgekehrt. Je nach Zusammensetzung Ihrer Gruppe müssen Sie entscheiden, welche Schwerpunkte Sie bei Ihren Treffen setzen. Denken Sie daran, Sie müssen die Gruppe leiten. Zwar gilt, je besser sich die Gruppe kennt, desto weniger Führung braucht sie. Aber wichtig bleibt bei jedem Treffen, dass innerhalb einer Struktur gearbeitet wird; Menschen arbeiten gerne in Strukturen. Sie müssen jede einzelne Sitzung so planen, dass die zu diskutierenden Themen allen Beteiligten bekannt sind. Es hat sich bewährt, offene Fragen einen Tag vor Beginn der Sitzung den Teilnehmern zuzuleiten und dann anhand dieser Fragen die Sitzung zu strukturieren. Je nach Ihrer Erfahrung mit der Gruppe können Sie sich auf einige wenige Fragen beschränken oder ein ganzes Bündel durchdiskutieren. Planen Sie aber wieder ein festes zeitliches Ende ein. Wenn das erreicht ist, machen Sie lieber Schluss, als noch einen Punkt durchzupeitschen. Sie brauchen Ihre Teilnehmer auch noch in den nächsten Sitzungen.

Die Ausgangslage analysieren 3

Nun kann mit der eigentlichen Arbeit begonnen werden: die Projektidee auszuarbeiten. Als ersten Schritt müssen Sie alle relevanten Informationen zu Ihrem möglichen Projekt zusammenstellen. Sie müssen sich ein Bild vom Umfeld Ihres möglichen Projektes machen. Stellen Sie sich vor, Sie kommen in einer für Sie fremden Stadt an:

Das Erste, was Sie machen werden, ist sich über Ihre Umgebung zu informieren. Sie werden sicherlich einen Stadtplan heranziehen und erst einmal schauen, wo Sie überhaupt sind, wo Ihre Unterkunft liegt, wo die Stadtmitte ist und wie Sie zu diesen Orten gelangen können. Kurz, Sie werden Ihre Situation analysieren. Wenn Sie im Hotel angekommen sind und die erste Orientierung hinter sich haben, werden Sie nachforschen, welche Sehenswürdigkeiten es gibt und welche Besonderheit diese Stadt auszeichnet. Kurz, Sie werden den Rahmen, in dem Sie sich bewegen, untersuchen. Wenn Sie schließlich wissen, wo Sie hinmüssen, werden Sie im dritten Schritt mehr Informationen über die Sehenswürdigkeiten haben wollen: Welche Führungen gibt es? Wo finde ich die Touristeninformation? Wer kann mir weiterhelfen? Kurz, Sie sind auf der Suche nach konkreten Informationen.

Auch bei Ihrer Projektkonzeption sieht es nicht anders aus. Sie betreten Neuland. Sie müssen analog dem obigen Beispiel herausfinden:

1. Wie sieht die derzeitige Situation aus? Man spricht in diesem Zusammenhang auch von der Situationsanalyse.
2. In welchem Rahmen findet das Projekt statt? Dies ist die sogenannte Kontextanalyse.
3. Welche Informationen stehen mir zur Verfügung? Die Informationsanalyse.

Mit diesen drei Bereichen untersuchen Sie den Hintergrund des Projektes. Eine gute Analyse hilft Ihnen, eine breite Informationsbasis zu erhalten und darauf das Projekt aufzubauen. So werden Argumente für das Projekt sichtbar, erste Schritte für die Projektkonzeption getan und wichtige Punkte werden nicht so leicht übersehen (die in späteren Phasen der Projektkonzeption eine Neuorientierung erforderlich machen könnten). Je besser Ihre Analysephase, desto einfacher die folgende Arbeit der Projektplanung und des Antragschreibens.

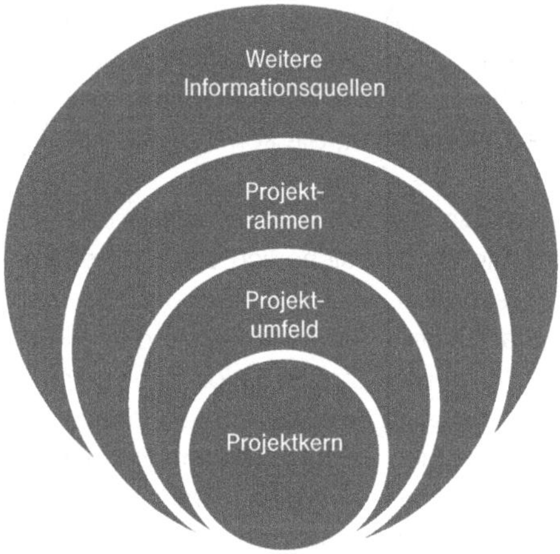

Für alle folgenden Punkte gilt, dass Sie lieber zu viele als zu wenige Informationen sammeln sollten. Wenn Sie jetzt schon anfangen über die Relevanz nachzudenken, hemmt das Ihre Kreativität und die Gefahr ist groß, dass Sie wichtig Punkte übersehen. Fangen Sie einfach an und lassen Sie Ihrer Phantasie freien Lauf. Kürzen können Sie hinterher immer noch. Wenn Sie eine Gruppe beisammenhaben, sollten Sie die nächsten Schritte gemeinsam mit der Gruppe durchführen. Das bringt mehr Spaß und hilft auch, schnell eine breite Informationsbasis zu gewinnen. Es gibt verschiedene Brainstorming-Techniken, die sie nutzen können. Häufig hat jeder Mensch sein eigenes System, Fakten zu sammeln und überschaubar darzustellen.

Arbeitshilfe Brainstorming mit Kreismethode

Diese Methode funktioniert auch wieder mit der Kartenabfrage: Alle Akteure sollen zu einem Thema ihre Ideen auf Karten aufschreiben. Geben Sie ca. fünf Minuten Zeit dafür. Lassen Sie Raum auch für abwegige Ideen. Später können diese immer noch wegfallen.

Die Karten ordnen Sie im nächsten Schritt an der Wand kreisförmig wie auf einer Zielscheibe an. In die Mitte kommen die wichtigsten Ideen, weiter außen nimmt die Relevanz zum Thema ab. An diesem Prozess muss die Gruppe aktiv beteiligt werden. Karten dürfen und sollen die Position wechseln, wenn Themen höher eingestuft werden oder in der Bedeutung sinken.

Im letzten Schritt diskutieren Sie nur noch über die Themen im inneren Kreis. Mit dieser Methode können Sie leicht und übersichtlich Wichtiges von Unwichtigem trennen und Diskussionen auf einen Punkt fokussieren.

Die Situations-, Kontext- und Informationsanalyse beleuchten verschiedene Aspekte Ihres Projektes. Im Folgenden werden diese drei Analysearten beschrieben.

1. Situationsanalyse

Als Erstes gilt es, die aktuelle Situation zu erfassen. Mit dem vorherigen Kapitel haben Sie das Problem schon analysiert und eingegrenzt. Jetzt gilt es, das Problem im größeren Zusammenhang zu betrachten. Dazu gibt es ein Hilfsmittel, welches sich in diesem Schritt bewährt hat: Die Stärken-Schwächen-Analyse.

Die Grundlagen der Stärken-Schwächen-Analyse erklären sich von selbst. Es geht hierbei darum, die Stärken und Schwächen eines Ansatzes, einer Thematik, einer Idee aufzuzeigen. Auf Ihre derzeitige Arbeit an der Projektkonzeption bezogen bedeutet es, dass Sie mithilfe dieser Methode die negativen und positiven Einflüsse des Umfeldes auf Ihr Projekt aufzeigen können. Zur Durchführung können Sie auf einfache Mittel zurückgreifen: Auf einem Blatt Papier ziehen Sie in der Mitte eine gerade Linie von oben nach unten. Auf der linken Seite schreiben Sie alle negativen Aspekte auf, die Einfluss auf Ihr Projekt haben können. Diese können Sie in drei Bereiche unterteilen:

- Das können institutionelle Schwächen sein, zum Beispiel wenn Ihre Institution zu klein ist, solch ein Projekt zu stemmen, Konkurrenten oder mangelnde materielle Ausstattung;
- das können auch personelle Schwächen sein, zum Beispiel wenn es an Akteuren in Ihrem Bereich fehlt;

- oder das können Ressourcenprobleme wie eine mangelnde finanzielle Basis sein.

Seien Sie auch ehrlich gegenüber sich selber, Ihre eigenen Schwächen sollten Sie auch benennen. Wichtig ist, dass Sie konsequent alle Schwachpunkte bzw. negativen Effekte des Projektumfeldes aufzählen. Kürzen können Sie immer noch. Genauso verfahren Sie mit den Stärken bzw. den positiven Faktoren, die ein Gelingen Ihres Projektes fördern. Gute Fördermöglichkeiten können dazu gehören, starkes Interesse der Öffentlichkeit oder gute materielle Voraussetzungen.

Mit dieser Analyse haben Sie auf einen Blick unterstützende bzw. hemmende Faktoren vor Augen. Schreiben Sie auch in späteren Phasen an der Tabelle weiter. Alles was Sie hier finden, wird auch anderen auffallen, besonders denen, die Ihr Projekt beurteilen werden. Wenn Sie dann Lösungen parat haben, wirken Sie sehr überzeugend. Teilweise werden hemmende und fördernde Faktoren auch aus dem gleichen Bereich kommen. Mangelndes Personal kann zum Beispiel ein Problem darstellen, aber auch Chancen eröffnen. Versuchen Sie in jedem Problem eine Herausforderung zu sehen und eine positive Antwort zu erarbeiten. Ein Teil der Menschheit sieht immer nur das halbleere Glas und nicht das halbvolle. Auch Sie werden während Ihrer Konzeption immer wieder auf solche Menschen treffen und mit ihnen zusammenarbeiten müssen. Es hilft ungemein, diesen Personen den Wind aus den Segeln zu nehmen, indem man die positiven Seiten aufzeigt.

Weiterhin sollten Sie die Situationsanalyse auf zwei ergänzende Bereiche ausdehnen:

Der erste Punkt führt Sie wieder zur direkten Umgebung des Projektes zurück. Schauen Sie sich das Umfeld noch mal genau an und prüfen Sie, in welchen verwandten Bereichen noch Optimierungsbedarf besteht. Gibt es in Ihrer Projektumgebung noch Bedarf an weiteren Verbesserungen, die Sie mit Ihrem Projekt ansprechen können? Ziel ist, dass Sie positive Auswirkungen Ihres Projektes auf andere Bereiche erkennen und gegebenenfalls in Ihr Projekt mit einbeziehen. Sie erreichen damit eine breitere Basis und erkennen mögliche Synergieeffekte zwischen Ihrer Idee und anderen Bereichen. Daraus können sich auch Ideen ergeben, welche anderen

Personen noch für Ihr Projekt wichtig werden (weil sie auch von Ihrem Projekt profitieren) und auf welche Ressourcen Sie noch zurückgreifen können.

Der zweite Punkt betrifft Ihre eigene Institution. Mit Ihren Vorgesetzen haben Sie schon erste Gespräche geführt und Ihnen Ihre Projektskizze präsentiert. Schreiben Sie sich jetzt in aller Ehrlichkeit auf, wie Ihr Unternehmen bzw. Ihre Unternehmensleitung zu Ihrem Projekt steht. Generell positiv, neutral oder sogar ablehnend? Im ersteren Fall ist die Bedeutung klar: machen Sie weiter. Im letzteren Fall müssen Sie entscheiden: Lohnt es sich und haben Sie die Energie, Ihre Idee weiterzuverfolgen? Was benötigen Sie, um Ihre Führung umzustimmen? Seien Sie auf jeden Fall ehrlich zu sich selber. Viele sind von Ihrer Idee dermaßen überzeugt, dass Sie die Schwierigkeiten nicht sehen, die sich ihnen in den Weg stellen. Die Gefahr ist immer groß, dass Sie die ganze Arbeit umsonst machen. Das kostet nicht nur Zeit und Nerven, sondern sorgt auch dafür, dass Sie nicht den besten Stand in Ihrer Institution haben.

2. Kontextanalyse

Nachdem Sie das Umfeld Ihres möglichen Projektes ausgelotet haben, können Sie jetzt den nächsten Analyseschritt gehen. Schauen Sie sich die Zusammenhänge an, in denen Ihr Projekt stehen wird. Dabei untersuchen Sie den zeitlichen, den sachlichen und den sozialen Kontext Ihres Projektes. Der Unterschied zur Analyse des Umfeldes liegt darin, dass Sie sich jetzt um den größeren Rahmen kümmern sollten. Teilweise wird es auch hier zu Überschneidungen mit den Ergebnissen der Situationsanalyse kommen. Aber wie oben beschrieben: Wichtig ist zu diesem Zeitpunkt eine möglichst breite Informationsbasis zu erhalten.

Die erste Frage, die Sie im Rahmen der Kontextanalyse beantworten sollten, lautet, wie der zeitliche Kontext des Projektes aussieht. In einem Dreischritt ausgedrückt: „Was ist vor dem Projekt passiert?“ – „Was kann während des Projektes passieren?“ – „Was wird nach dem Projekt passieren?“. Diese drei Fragen sollen den Rahmen des Projektes noch genauer ausleuchten. Sie müssen natürlich nicht die letzten dreihundert Jahre vor Ihrem Projektstart ausleuchten oder alle Eventualitäten innerhalb ihres Projektzeitraumes betrachten, um diese Fragen zu beantworten. Vielmehr sollen Sie die wesentlichen Elemente Ihres Umfeldes finden. Zum Beispiel: Sind schon andere, ähnliche Projekte in diesem Bereich unternommen worden? Welche Messen, Veranstaltungen etc. finden während des Projektes statt? Welche Ereignisse sind jetzt schon im Kalender vermerkt, die Einfluss auf das Projekt haben können? Sie sehen, es geht hierbei ganz konkret darum, Einfluss- oder Anknüpfungspunkte für Ihr Projekt zu finden, und diese, wenn möglich, in Ihr Projekt zu integrieren.

Die zweite Frage behandelt den sachlichen Kontext. Sie suchen hier nach Einflussfaktoren, die Sie nicht oder kaum beeinflussen können. Dazu gehören beispielsweise bestehende Konzepte oder Strategien innerhalb und außerhalb Ihrer Firma, geplante Gesetzesänderungen, die politische Lage, Verhalten der Konkurrenz etc. Kurz, alles was Einfluss auf Ihr Projekt hat, ohne dass Sie Möglichkeiten haben, daran etwas zu ändern.

Die dritte Frage, die Sie in der Kontextanalyse beantworten sollen, behandelt den sozialen Kontext, in dem Sie operieren. (Im Fachjargon wird dieser Punkt auch Stakeholder-Analyse genannt.) Dabei werden sowohl nach direkten Verbündeten und Gegnern des Projektes gesucht als auch nach allen Personen und Gruppen, die durch das Projekt tangiert werden. Das können Angehörige Ihrer Institution sein, andere Verbände oder Firmen, Politiker, Journalisten, Bürger etc. Identifizieren Sie die Personen, die für Ihr Projekt wichtig sind. Übergehen Sie dabei niemanden und schreiben Sie lieber zu viele Personen auf als zu wenige.

Mit diesen drei Fragen haben Sie den Kontext des Projektes ausgeleuchtet. Zur kompletten Analyse der Ausgangslage fehlt nur noch der letzte Schritt, die Informationsanalyse.

3. Informationsanalyse

Im dritten und letzten Analyseschritt stehen die direkten Informationen Ihrer Projektidee im Fokus. Sie haben zum einen schon den Hintergrund Ihrer Idee ausgeleuchtet, zum anderen den größeren Rahmen, in dem Ihr Projekt stattfinden soll. Jetzt gilt es, eine Wissensgrundlage für Ihr mögliches Projekt zusammenzutragen. Direkter könnte die Frage lauten: „Was müssen Sie wissen, um Ihr Projekt umsetzen zu können?" Sie brauchen ein breites (Fach-)Wissen, um Ihr Projekt attraktiv zu machen. Viele Informationen werden Sie glücklicherweise schon durch Ihre Arbeit oder Tätigkeit besitzen. (Es sei denn, Sie planen ein Projekt in einem Bereich, über den Sie kaum Kenntnisse besitzen.)

Wie dem auch sei, es lohnt sich auf jeden Fall, noch mal das vorhandene Wissen zu überprüfen. Schätzen Sie sich selber realistisch ein: Wo liegen Ihre Stärken auf diesem Gebiet und wo sind Sie sich unsicher, ob Sie auf dem neuesten Stand sind? Machen Sie sich eine Liste über die Wissensbereiche, die Ihr Projekt erfordert. Schreiben Sie hinter jeden Punkt ein Plus oder ein Minus, je nachdem, wie sicher Sie sich fühlen. Diesen Schritt können Sie natürlich wieder analog mit der Gruppe durchführen.

Sie müssen nicht in allen Bereichen Experte sein. Versuchen Sie einfach ein gesundes Basiswissen zu jedem Punkt verfügbar zu haben. Wenn Sie Ihren Antrag vorstellen, werden gewiss Fragen zu einzelnen Bestandteilen Ihres Projektes gestellt werden. Sie müssen dann vorbereitet sein.

Wie Ihr Informationsniveau im Einzelnen aussehen muss, liegt an Ihnen und an Ihrem Projekt. Wo Sie die Informationsquellen finden, wissen Sie auch selbst am besten. Dank des Internets ist es relativ einfach geworden, relevante Informationen ohne aufwändige Literaturrecherche zu erhalten. Man muss nur wissen, wo man suchen muss. Vergessen Sie auch nicht Ihre direkten Kontakte zu Freunden, Kollegen, Verbänden, Universitäten etc. Fragen sind ein guter Starter, um Kontakte zu knüpfen. Sie brauchen diese Kontakte auch in späteren Phasen, wenn es um Multiplikatoren Ihrer Arbeit geht.

Zusammenführen der Informationen

Nachdem Sie in diesen drei Bereichen Informationen zusammengetragen haben, gilt es jetzt, die Übersicht zu behalten. Informationen zu sammeln ist die eine Sache, mit diesen vernünftig umzugehen die andere. Durch endloses Daten- und Faktensammeln besteht die Gefahr, nicht mehr zur eigentlichen Arbeit zu kommen. Sie haben einen ganzen Berg an Informationen zu Ihrem Projekt gesammelt.

Es ist wichtig, eine Struktur für die Informationen zu finden. Eine sehr gute Möglichkeit bietet das sogenannte Mindmapping:

Die Grundidee beim Mindmapping ist, dass kreative Prozesse besser funktionieren, wenn mit unsortierten Bildern gearbeitet wird statt mit linearen Texten, wie in Tabellen oder Schriftstücken üblich. Auch das menschliche Denken funktioniert auf diese Weise: weniger linear und zielgerichtet als vielmehr chaotisch und durcheinander. Sie können dieses Verfahren auch gut für Ihre Brainstorming-Prozesse verwenden. Mindmapping arbeitet mit einem leicht überschaubaren Ansatz: Ausgehend von einem zentralen Begriff werden um diesen herum Äste gebildet, die Assoziationsketten repräsentieren. Es wird bewusst auf Füllwörter verzichtet und stattdessen mit Schlüsselwörtern gearbeitet.

Vorteile des Verfahrens

- Die graphische Repräsentation unterstützt beim Denken. Mit etwas Erfahrung genügt ein kurzer Blick auf die Mindmap, um zu wissen, worum es geht.
- Durch die Verästelungen kann die relative Bedeutung eines Gedankens oder einer Idee gut dargestellt werden. Es wird eine Hierarchisierung und Strukturierung vorgenommen.
- Eine Mindmap offenbart Lücken. Aufgrund der graphischen Darstellung ist sehr leicht zu erkennen, welche Gedanken bereits gut und welche bisher wenig entwickelt sind.
- Durch die Verwendung von Schlüsselwörtern kann man sich auf das Wesentliche konzentrieren.
- Für eine Mindmap reicht meistens eine Seite Papier (DIN A4, besser: DIN A3); Informationen werden somit lokal zusammengefasst, wodurch der Inhalt leichter und schneller aufgenommen werden kann.
- Die Mindmap kann organisch wachsen; durch weitere Verästelungen ist die Mindmap stets für Erweiterungen offen.

Ein Nachteil der Mindmap-Methode besteht darin, dass man sich erst einmal an diese Form der Aufzeichnung gewöhnen muss. Die Akzeptanz durch Personen, die mit dieser Methode nicht vertraut sind, ist eher gering. Eine Mindmap sieht auf den ersten Blick eher

Beispiel für eine Mindmap

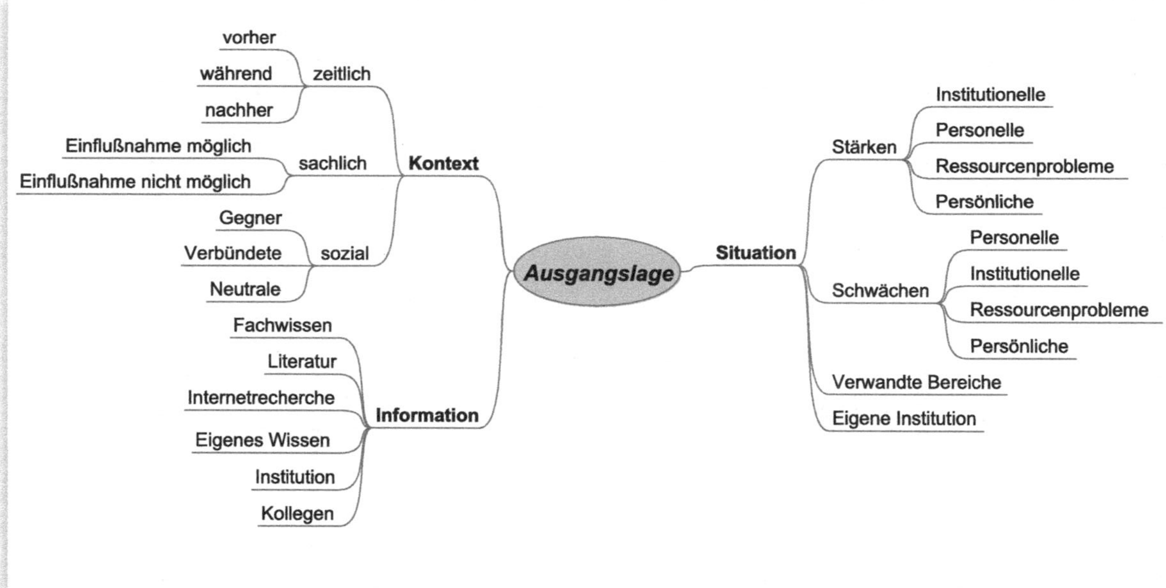

unübersichtlich, konfus und verschachtelt aus. Wenn die Methode aber erst einmal eingeführt ist, sind alle sehr zufrieden damit.

Vorgehensweise

- In der Mitte eines großen Blattes (Querformat) setzen Sie Ihren Ausgangspunkt. Wenn möglich in einem Wort, ansonsten möglichst kurz, knapp und einprägsam.
- Aus Ihrem Ausgangspunkt wachsen Äste. An diesen Ästen setzen Sie Ihre Schlüsselpunkte.
- Die Äste können sich beliebig weiter verzweigen. Zu jedem Punkt werden so Unterpunkte entwickelt.
- Sortieren Sie beliebig Ihre Punkte, diese dürfen immer wieder umgruppiert werden, zum Beispiel näher am Hauptpunkt oder weiter entfernt, um die Hierarchie zu ändern. Informationen oder Aussagen, die zusammengehören, können auf einem Ast gruppiert werden. Äste können auch zusammengeführt oder als unwichtig klassifiziert werden.

Wenn Sie diesen Prozess in einer Gruppe machen, nutzen Sie wieder die Karten. An eine Wand können Sie in der Mitte die Hauptkarte anbringen. Alle Teilnehmer bekommt dann erst einmal zehn Karten, auf denen sie die wichtigsten Punkte notieren sollen. Danach können die Karten gemeinsam um den Mittelpunkt gruppiert werden. Danach verteilen Sie weitere Karten. Jetzt kann in freier Sitzung jede Idee an die Wand geheftet werden. Äste sollen gebildet und weiterverzweigt werden. Am Ende können alle Karten noch mal gemeinsam sortiert werden.

Es gibt unterstützende Computerprogramme für das Mindmapping. Ein Vorteil ist, dass es professioneller wirkt und Sie Ihre Gruppe leichter von dieser Methode überzeugen können, ein weiterer, dass Sie Ihre fertige Mindmap per E-Mail versenden können. Ein Open-Office-Programm ist kostenlos erhältlich unter

http://freemind.sourceforge.net/wiki/index.php/Main_Page.

Ziele setzen 4

Die Bedeutung eines klar definierten Ziels wurde im Einführungskapitel schon dargestellt. Zu Beginn Ihrer Arbeit haben Sie schon das Ziel Ihres Projektes skizziert. Dieses wird im Folgenden als Haupt- oder Oberziel bezeichnet. Es gilt jetzt, Ihr Ziel in kleinere Unterziele einzuteilen. Die Unterziele sorgen für eine Strukturierung Ihres Projektantrages, das heißt, mit den Unterzielen wird Ihre Projektidee bearbeitbar. Steht das Hauptziel für das Projekt als Ganzes, bilden die Unterziele die Basis für die einzelnen Arbeitsschritte im zukünftigen Projekt.

Ob Haupt- oder Unterziel, Ihre Ziele sollten Sie immer positiv formulieren. Sie und Ihre Mitstreiter müssen auch während des Projektes mit den Unterzielen arbeiten. Hierfür benötigen Sie attraktive Ziele, die jeder unterstützen kann und die alle Beteiligten motivieren. Es gibt aus der Werbebranche eine einfache Weisheit: Ziele müssen SMART sein.

Spezifisch – **M**essbar – **A**kzeptabel – **R**ealistisch – **T**erminiert

Das hört sich komplizierter an als es in Wirklichkeit ist. Sie werden jedoch schnell feststellen, dass sich die SMART-Regel im Kopf festsetzt und Sie automatisch jedes Ziel danach ausrichten werden. Im Einzelnen:

Spezifisch – Ziele müssen konkret sein

Ziele müssen konkret formuliert werden. Jeder möchte etwas zum „Anfassen" haben. Das Ziel muss Ihnen klar vor Augen stehen und darf nicht im Nebel des Ungefähren verschwinden. Auf das im vorherigen Kapitel vorgestellte Beispiel der Stadtbesichtigung bezogen: Was klingt in Ihren Ohren besser? „Ich möchte mal ein Museum für Altertumsgeschichte besuchen" oder „Ich werde morgen das historische Museum besuchen". Mit der zweiten Aussage werden Ihre Freunde auf jeden Fall mehr anfangen können. Vermeiden Sie deshalb allgemeine, abstrakte Ziele. Je konkreter das Ziel, desto einfacher ist auch die Zusammenarbeit mit anderen Menschen. Dies ist im Verlauf des Projektes besonders wichtig, um Punkte abhaken zu können und als erledigt zu markieren.

Messbar – Ziele müssen überprüfbar sein

Jedes Ziel muss überprüfbar sein. Das schließt nahtlos an den obigen Punkt an. Wenn Sie Erfolge messen wollen, müssen Sie auch ein Handwerkszeug haben, mit dem sie messen können. Stellen Sie deshalb zu jedem Ziel gleichzeitig Kriterien oder Prüfmerkmale auf, die die Zielerreichung sichtbar machen. Fragen Sie sich: „Könnte eine außenstehende Person Veränderungen wahrnehmen?“ Wenn Ihr Ziel hinreichend konkret definiert ist, ist die Suche nach Messkriterien einfach: Ob das Museum besucht wurde, können Sie leicht herausfinden. Schwieriger wird es, wenn Sie zum Beispiel eine Konferenz organisieren wollen. Ist das Ziel erreicht, wenn die Konferenz stattfindet? Oder muss eine bestimmte Anzahl von Personen anwesend sein und müssen die Ergebnisse stimmen? Sie können in diesem Beispiel auch Unterziele formulieren. Das Oberziel wäre das Stattfinden der Konferenz, die Unterziele Erfolgsmerkmale wie Anzahl und Zufriedenheit der Teilnehmer. Wie Sie Ihre Ziele messen können, ist von Fall zu Fall verschieden und hängt von vielen Faktoren ab. Ihre Leitfrage könnte in diesem Zusammenhang lauten: „Woran merken wir, dass wir das Ziel erreicht haben?“

Akzeptabel – Ziele müssen positiv formuliert sein

Ziele müssen positiv formuliert werden und attraktiv sein. Sie müssen den Drang verspüren, das Ziel zu erreichen. Wichtig ist deshalb, seine Ziele nicht in der Verneinung zu definieren. „Ich möchte nicht das Technikmuseum besuchen“ ist ein konkretes Ziel, Ihre Mitreisenden halten davon unter Umständen jedoch wenig. Setzen Sie stattdessen ein positives Ziel: „Wir wollen zwei Museen besuchen“. Welche das sind, kann später immer noch entschieden werden. Das ist mehr als nur eine Formulierungsfrage. Mit einem positiven Ziel können sich Menschen leichter identifizieren. Es ist immer einfacher, sich „für“ etwas einzusetzen, als „gegen“ etwas zu sein. Es hilft, gleich am Anfang eine positive Sichtweise zu etablieren.

Realistisch – Ziele müssen erreichbar sein

Ziele sollten eine realistische Herausforderung darstellen. Überlegen Sie vorher, ob das Ziel unter den gegebenen finanziellen, personellen oder politischen Rahmenbedingungen verwirklicht werden kann. Das klingt eigentlich selbstverständlich, kann aber im Eifer des Gefechtes schwieriger werden als gedacht. Schließlich wollen Sie mit Ihrem Projekt etwas erreichen. Viele Projekte haben zu hohe Ansprüche und scheitern, wenn zu viele Aufgaben auf einmal erledigt werden sollen. Versuchen Sie lieber Ihr Projekt eine Stufe tiefer anzusetzen. Eine solide Finanzierung und ein gut durchgearbeiteter Projektplan sind wichtiger als Wolkenschlösser, die gut dastehen, aber unrealistisch sind. In unserem Beispiel werden Sie in drei Tagen nicht alle Museen der Stadt sehen können, wenn Sie sich aber zwei oder drei vornehmen, werden Sie diese sicherlich alle besuchen können.

Terminiert – Ziele müssen zeitlich befristet sein

Setzen Sie einen Termin, an dem das Ziel erreicht sein soll. Ein festgelegter Zeitrahmen schafft eine Verbindlichkeit gegenüber dem Ziel und erleichtert es Ihnen, bei Ihrer Zeitplanung zu bleiben. Jeder Ihrer Mitarbeiter weiß dann auch, was auf ihn zukommt, wann es eng wird, oder wann mehr Energie in das Projekt gesteckt werden muss. Planen Sie immer genug Zeitpuffer für die Realisierung Ihrer einzelnen Ziele ein. In der Regel dauert alles immer länger als gedacht. So kann auch ein Museumsbesuch mehr Zeit verschlingen, als vorher eingeplant. Wer will schon im Dauerlauf durch eine Ausstellung rennen?

Für jedes Ihrer Ziele sollten Sie die SMART-Regel beherzigen. Überprüfen Sie immer wieder, ob sie alle Kriterien erfüllen. Im Zweifelsfall formulieren Sie Ihr Ziel noch mal um oder machen mehrere Ziele aus einem. Sie werden im weiteren Verlauf Ihres Projektantrages bei jedem Ziel, welches der SMART-Regel nicht folgt, garantiert stolpern. Die Ziele sind die Grundlagen Ihres ganzen Projektes. Wenn hier gepfuscht wird, ist es später nur mit viel Mühe wieder zu reparieren.

Zielsystem erarbeiten

Mit der SMART-Regel im Hinterkopf können Sie jetzt anfangen, an Ihren Zielen zu arbeiten. Im Endeffekt geht es in den folgenden Schritten darum, eine Übersicht über Ihr zukünftiges Projekt zu gestalten. Gerade am Anfang der Projektkonzeption gibt es viele gute Ideen. Sie brauchen eine Struktur, um diese Ideen in einen größeren Zusammenhang einzuordnen. Diese erhalten Sie mit dem Zielsystem, welches Sie im Folgenden Schritt für Schritt erarbeiten werden. Es besteht aus dem Oberziel und den daraus abgeleiteten allgemeinen und konkreten Unterzielen.

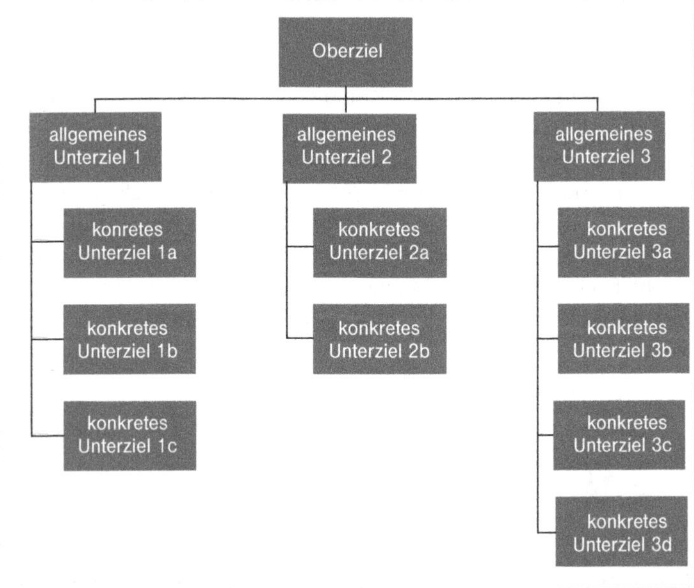

1. Das Projektgesamtziel (Outcome)

Dies ist das Ziel, welches Sie schon im ersten Teil für Ihre Projektskizze erarbeitet haben und jetzt noch konkretisieren müssen. Im Wesentlichen handelt es sich um das sogenannte Outcome des Projektes. „Was wollen Sie mit diesem Projekt erreichen?" Sie werden zu diesem Zeitpunkt schon einige Änderungen an Ihrem Projektziel vorgenommen haben. Lassen Sie sich dadurch nicht entmutigen. Sie werden im Laufe der weiteren Arbeiten noch öfters Ihr Hauptziel überarbeiten müssen. Je weiter Sie mit den Arbeiten fortgeschritten sind, desto weniger müssen Sie dann aber Grundsätzliches verändern. Sie werden dann nur noch Feinheiten ausarbeiten oder Ballast abwerfen. Versuchen Sie, Ihr Projektziel gemäß der SMART-Regel zu formulieren. Bleiben Sie dabei so kurz und knapp wie möglich. Es ist immer sinnvoll, ein Ziel nur in einem Satz zu formulieren. Dies ist dann Ihr Hauptziel. Weitere Ziele können Sie als Unterziele klassifizieren.

Bei der Ausformulierung des Projektgesamtzieles kann Ihnen eine veränderte Betrachtungsweise helfen: Versuchen Sie den Nutzen oder die Wirkung (Impact) des Projektes auf den größeren Zusammenhang hin zu definieren. „Wie wirkt sich das Projekt mittel- bis langfristig aus? „Welchen Zusammenhang gibt es mit anderen Projekten?“ Welchen Beitrag zu übergeordneten Zielen und Strategien liefert das Projekt?“ Wenn Sie Ihr Umfeld, wie im vorherigen Kapitel beschrieben, genau analysiert haben, werden Sie jetzt kaum noch Probleme haben, diese Fragen zu beantworten. Sie können aus den Antworten Ihr Gesamtziel weiter ausdifferenzieren. Wenn Sie zu diesem Zeitpunkt merken, dass Ihr Ziel nicht ins Umfeld passt, ändern Sie es. Passen Sie lieber Ihr Projekt den Gegebenheiten an, als eine gute Idee mit Gewalt im Original durchbringen zu wollen.

Leider muss der Sinn der Überprüfung des eigenen Zieles immer wieder betont werden. Viele Menschen versuchen mit Biegen und Brechen an einer Idee festzuhalten. Wenn die Realität dem im Wege steht, wird diese dann ignoriert. Das hat noch nie funktioniert.

Arbeitshilfe

Definition von Zielen gemeinsam in einer Gruppe

Zu Beginn schreibt jeder auf ein Stück Papier seine drei persönlichen Hauptziele. Im nächsten Schritt setzen sich jeweils zwei Personen zusammen und vergleichen ihre Ergebnisse. Aus den insgesamt sechs Vorschlägen sollen drei herausgearbeitet werden. Die zwei Personen setzen sich mit ihren drei zusammengeführten Vorschlägen mit einer anderen Zwei-Personen-Gruppe zusammen und wiederholen das Spiel. Dieses System läuft so lange, bis nur noch zwei Gruppen übrigbleiben. Deren Vorschläge werden dann gemeinsam diskutiert und wenn möglich auf ein Ziel reduziert. Das Gute daran: es passiert eigentlich immer, dass die letzten Vorschläge der beiden Gruppen fast identisch sind.

Der Vorteil dieses Verfahrens ist, dass alle an der Entstehung des Zieles mitgearbeitet haben. Zudem können sich die Mitglieder gleich kennen lernen. Der Nachteil ist, dass diese Methode viel Zeit in Anspruch nehmen kann. Machen Sie vorher deutlich, wie viel Zeit die Gruppen jeweils zur Verfügung haben, und planen Sie genug Zeitpuffer mit ein.

2. Projektunterziele

Projektmanagementhandbücher sprechen in diesem Zusammenhang auch von Projektteilzielen. Wie auch immer man sie nennt, die Projektunterziele sind die wesentlichen Objekte eines Projekts. Sie beschreiben, mit welchen Methoden das Oberziel erreicht werden soll. Auch die Unterziele müssen Sie nach der SMART-Methode formulieren. Im weiteren Verlauf werden Sie aus den Unterzielen noch Arbeitspakte (siehe nächstes Kapitel) ausdifferenzieren. Es hat sich bewährt, die Unterziele in allgemeine und konkrete zu unterteilen. Die allgemeinen Unterziele sind diejenigen, mit denen Sie das Oberziel erreichen wollen. Die konkreten leiten sich aus den allgemeinen ab und beschreiben die Details.

Wie viele Unterziele Sie für ihr zukünftiges Projekt definieren, hängt von Ihnen selber und Ihrem Zeitrahmen ab. Am Anfang ist es sinnvoll, erst einmal ein ganzes Bündel von allgemeinen Unterzielen zu definieren und im Verlauf dann zu kürzen.

In einem ersten Schritt sammeln Sie Ideen für Ihre allgemeinen Unterziele. Viele Unterziele werden Sie aus dem Hauptziel direkt ableiten können. Eine einfache Frage zu Beginn könnte lauten: „Wie wollen wir das Oberziel erreichen?" Benötigen Sie zum Beispiel Workshops oder Veranstaltungen? Bestimmte computergestützte Verfahren? Öffentlichkeits- oder Pressearbeit? Die Antworten können Sie so formulieren: „ Wir brauchen ....". Dabei sollten Sie bewusst die Antworten allgemein halten. Sie brauchen hier noch keine konkreten Lösungen auszuformulieren.

Mit dem nächsten Schritt konkretisieren Sie jetzt die Antworten, Sie formulieren aus den allgemeinen Unterzielen nun die konkreten. Nutzen Sie wieder die SMART-Regel. Typische Unterziele sind jetzt: „ Wir machen zwei Workshops zu diesem Thema“, „Wir entwickeln ein Computerprogramm, um das Problem xy zu lösen“ oder „Wir werden zum Ende des zweiten Programmteils eine Pressekonferenz organisieren“. Mit diesen konkreten Unterzielen werden die Arbeitspakete definiert, die Sie im Laufe des Projektes „abarbeiten“. Sie erkennen, wie sich Ihr zukünftiges Projekt von einem Oberziel immer mehr verästelt und eine Struktur gewinnt. Im Endeffekt dient die schrittweise Formulierung dazu, Übersicht über das Gesamtprojekt zu gewinnen.

Arbeitshilfe Konkretisierung

Formulieren Sie Karten gemäß der Arbeitshilfe „Kartenabfrage“ mit Ihrem Hauptziel und den allgemeinen Zielen. Diese hängen Sie für alle gut sichtbar an die Wand. Jeder Teilnehmer soll dann konkrete Zielen formulieren, diese wieder auf Karten schreiben und anschließend unter die jeweiligen allgemeinen Ziele platzieren. Planen Sie für diesen Schritt genug Zeit ein. Wenn Sie feststellen, dass den Teilnehmern nichts mehr einfällt, eröffnen Sie die Diskussion. Jeweils ein Teilnehmer stellt die Karten für einen Unterpunkt vor. Viele Beiträge werden doppelt erscheinen, einige besser zu anderen Karten passen. Sortieren Sie mit der Gruppe die Karten und fassen Sie sie zusammen.

Sie haben jetzt Ihr Zielsystem erstellt. Dies ist Ihr Gerüst, mit dem Sie in den nächsten Schritten Ihren Projektantrag aufbauen. Heften Sie sich dieses Gerüst wieder an die Wand, damit Sie es jederzeit vor Augen haben. Alles was Sie von jetzt an innerhalb Ihres Projektantrages unternehmen, muss direkt mit den Zielen zusammenhängen. Bei Bedarf ergänzen Sie Ihr Zielsystem. Aber jede Aufgabe, die nicht direkt ein Ziel erfüllt, ist unnötiger Ballast und kann „über Bord geworfen“ werden. Ihre nächste Aufgabe besteht nun darin, aus den konkreten Unterzielen Arbeitspakete zu formulieren und in Ihren Projektantrag einzubauen.

5 Arbeitspakete schnüren

Arbeitspakete füllen Ihr Projekt aus. Mit der Unterteilung des Hauptziels in allgemeine und konkrete Unterziele haben Sie eine arbeitsfähige Struktur geschaffen. Sie müssen jetzt zu jedem konkreten Unterziel „nur" noch die Arbeiten definieren, die nötig sind, um es zu erreichen. Folgende Mindestanforderungen sollten in jedem Fall für alle Ihre Arbeitspakete erfüllt sein:

1. Ein Arbeitspaket ist ein in sich geschlossener, vorher definierter Arbeitsumfang im Projekt. Das heißt, dass jedes Arbeitspaket einen Anfang und ein Ende innerhalb des Projektzeitraumes besitzt und dieses auch im Projektantrag formuliert sein muss. Sie können zu diesem Zeitpunkt für jedes Ihrer Arbeitspakete lediglich eine ungefähre Zeitdauer angeben. Je weiter Sie in Ihrer Projektkonzeption voranschreiten, desto genauer müssen dann die Zeitangaben werden. Am Ende steht bei jedem Paket das genaue Anfangsdatum bzw. Enddatum. Bei kleineren Projekten können die Angaben mit dem Tagesdatum versehen werden. Bei länger andauernden Projekten reicht die Woche bzw. auch der Monat.
2. Das Arbeitspaket muss plausibel sein, d.h. die anfallende Arbeitsmenge muss bewältigbar und auch überschaubar sein. Ein Arbeitspaket dient dazu, einzelne Arbeitsschritte übersichtlich darzustellen und gegenüber anderen Arbeitspaketen abzugrenzen. Es nützt Ihnen nichts, wenn das Arbeitspaket über zwei Jahre läuft, 17 Personen daran beteiligt sind und 35 Unterarbeiten zu erledigen sind.
3. Das Arbeitspaket muss mit einem Meilenstein, das heißt einem konkreten und überprüfbaren Ergebnis enden. Sie wollen schließlich auch mal was „abhaken" können. Damit wird die Kontrollierbarkeit der Zielerreichung gewährleistet. Natürlich können Meilensteine bei unterschiedlichen Paketen gleich aussehen (zum Beispiel „Präsentation der Studie"), wichtig bleibt dennoch, dass es verschiedene Meilensteine bleiben. Meilensteine sind meist recht einfach zu definieren: Die Konferenz hat stattgefunden, die

Studie wurde abgeliefert, der Flyer gedruckt, das Computerprogramm dem Klienten übergeben etc. Manchmal allerdings sind Ergebnisse nicht so einfach zu präsentieren: „Haben wir wirklich alle Schüler mit dem Projekt erreicht?" „Wissen alle Kunden über unser Produkt Bescheid?" Teilweise sind dann die Unterziele nicht hinreichend konkret formuliert worden, teilweise gibt es einfach auch keine direkt messbaren Ergebnisse. (So wird gute Pressearbeit häufig mit der Anzahl der Artikel in Zeitungen und Zeitschriften begründet, wobei unklar bleibt, was zitiert wurde oder wie viele Personen den Artikel gelesen haben.)

4. Jedes Arbeitspaket ist schließlich einer verantwortlichen Person zugeordnet. Für jedes Projekt und für jede einzelne Arbeitsaufgabe sind klare Verantwortlichkeiten eine unabdingbare Notwendigkeit. Es muss für jeden Schritt eine Person geben, die verantwortlich ist. Das erhöht nicht nur die Motivation der betreffenden Person (es ist immer motivierender, wenn man für einen Bereich zuständig ist, als nur mitzuarbeiten), es wird auch Ihre Arbeit leichter machen: Der Verantwortliche ist Ihr Ansprechpartner und muss, wenn es schiefgeht, seinen Kopf hinhalten. In größeren Projekten ist meistens nicht mehr eine Person für ein Arbeitspaket zuständig, sondern eine sogenannte Organisationseinheit. Dies bedeutet nichts anderes, als dass ein Team eine bestimmte Aufgabe eigenständig erledigen soll. Dann wird nur noch das Ergebnis formuliert und das „Wie" soll dann das Team erledigen. Trotzdem wird auch hier eine Person die Verantwortung für das Team übernehmen müssen und diese Person muss vorher benannt werden.

Mit diesen Regeln können Sie Ihre Arbeitspakete aus den einzelnen konkreten Unterzielen entwickeln. Welche Arbeitspakete Sie innerhalb Ihres Projektantrages entwickeln, hängt natürlich von Ihren Unterzielen ab. Im Folgenden werden einige Fragen vorgestellt, mit denen Sie Ihre Pakete beschreiben können. Zu Anfang sollten Sie aber zuerst Ihre Übersicht über die Projektziele durch die neuen Arbeitspakete ergänzen. Lassen Sie reichlich Platz für Veränderungen. Es werden im Laufe Ihrer Projektkonzeption einige Arbeitspakete hinzukommen, andere dafür wegfallen (Grafik siehe nächste Seite).

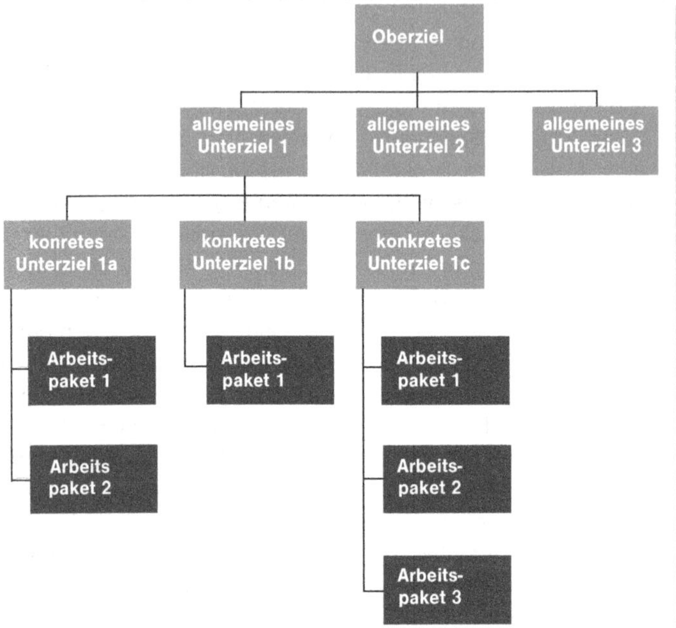

Nachdem Sie die Übersicht erstellt haben, können Sie jetzt die einzelnen Arbeitspakete mit Leben erfüllen. Das heißt, dass Sie eine Kurzbeschreibung für jedes Paket erstellen. Diese sollte in Stichworten formuliert werden, um die Übersicht zu gewährleisten. Erst wenn Sie den konkreten Antrag schreiben, dürfen Sie ausführlicher werden. Für die Arbeit an den einzelnen Arbeitspaketen können Sie folgende Fragepronomen nutzen. Diese sollten innerhalb Ihrer Planung beantwortet werden:

Was?

Welche Aufgabe steht an? Ist die Aufgabe schon hinreichend konkret definiert? Oder gibt es noch Möglichkeiten, die Aufgabe in weitere Teilbereiche zu zerlegen? Diese Fragen sind notwendig, um die Größe der Aufgabe abzuschätzen und gegen Überraschungen gefeit zu sein. Je genauer die Aufgaben im Vorfeld definiert wurden, desto leichter lässt sich die Arbeits- und Zeitintensivität überblicken.

Wie?

Wie sieht das Ergebnis des Arbeitspaketes aus? Was soll am Ende dabei herauskommen? Meilensteine definieren! Denken Sie daran, dass das Ergebnis jedes Arbeitsschrittes auch der Kontrolle dient. Je genauer Sie das Ergebnis definieren können, desto einfacher ist die Überprüfbarkeit. Es wird während des Projektes zu Problemen kommen. Je klarer Sie jetzt im Vorfeld arbeiten und Ergebnisse definieren, desto einfacher wird es später sein, Probleme zu lösen.

Wer?

Wer macht was? Wer ist Ansprechpartner für Fragen und Probleme? Wie oben erklärt, müssen für jeden Arbeitsschritt Verantwortlichkeiten festgelegt werden. Nutzen Sie dabei die Stärken Ihrer Mitstreiter. Machen Sie deutlich, dass jede Arbeit gleich wichtig ist. Nur wenn alle an einem Strang ziehen, kann Ihr Projekt von Erfolg gekrönt sein. Im Projektorganisationsplan (Kapitel 2.6) werden Sie diesen Punkt noch genauer ausarbeiten.

Mit wem?

Wer arbeitet an einer Aufgabe mit? Nachdem es eine Person gibt, die für die Aufgabe verantwortlich ist, müssen Sie jetzt die Anzahl der notwendigen Mitstreiter festlegen. Überlegen Sie sich, wie viele Personen für einen bestimmten Teilabschnitt nötig sind. Hier geht es wieder einmal auch darum, eine Idee von der Größe des Arbeitspaketes zu erhalten.

Womit?

Was wird an Mitteln für diese Aufgabe benötigt? Welche Ressourcen müssen zur Verfügung stehen? Definieren Sie, welche Materialien, Ressourcen und Geldmittel diese Aufgabe benötigt. Dies ist insbesondere dann wichtig, wenn viele Aufgaben parallel laufen sollen. Auch hier gilt es, erst einmal eine grobe Ideensammlung zu erhalten, um die Größe des Arbeitspaketes abschätzen zu können. Genauer wird es dann in der Budgetplanung (Kapitel 2.8).

Wie lange?

Welcher Zeitrahmen wird für das Arbeitspaket benötigt? Wie lange dauert es, das angestrebte Ziel zu erreichen? Es ist, abhängig von

der Gesamtdauer des Projektes, sinnvoll zu diesem Zeitpunkt in Arbeitswochen zu kalkulieren, kleinere Arbeiten kann man auch in Tagessätzen angeben. Vergessen Sie dabei das Wochenende nicht, eine Arbeitswoche enthält „nur“ fünf Arbeitstage. Versuchen Sie wieder, sich erst einmal einen groben Überblick zu verschaffen. Sie brauchen diesen Überblick, um Ihr Gesamtprojekt im Blick zu behalten. Seien Sie bei Ihrer Zeitplanung großzügig, später werden Sie immer noch kürzen können. Wenn Sie jetzt schon einen zu engen Zeitrahmen vorgeben, setzen Sie sich und Ihre Mitstreiter nur unnötig unter Druck. Wenn Sie Ihren Projektorganisationsplan (Kapitel 2.6) erstellen, werden Sie noch weiter an Ihren Arbeitspaketen „feilen“.
Versuchen Sie jedes Arbeitspaket so kurz und knapp wie möglich zu beschreiben. Wie mehrmals schon betont, geht es in diesem Schritt darum, erst einmal einen Überblick über das Gesamtprojekt zu gewinnen. Wenn Sie jetzt anfangen jeden Punkt auszuformulieren, ist das nur hinderlich.

Für die konkrete Beschreibung der Arbeitspakete können Sie für jedes Paket eine Übersicht auf jeweils einer Seite erstellen. Machen Sie sich eine Tabelle mit den obigen Wer-wie-was-Fragen auf der linken Seite und jeweils genug Platz für einen oder zwei Sätze zur Beschreibung der Punkte auf der rechten Seite. Dabei müssen Sie sich kurz fassen, das erleichtert Ihnen den Überblick. Jedes Arbeitspaket ist einem konkreten Unterziel zugeordnet. Wie viele Arbeitspakete für ein Unterziel nötig sind, ergibt sich aus dem Unterziel und Ihren Ressourcen. Wenn es allerdings zu viele werden, prüfen Sie, ob Sie nicht zwei Unterziele formulieren können.

Mit den einzelnen Arbeitspaketen haben Sie Ihr Projekt schon ziemlich genau beschrieben. Sie werden in den nächsten Schritten innerhalb verschiedener, übersichtlicher Pläne die einzelnen Punkte weiter ausarbeiten. Mit den bislang getätigten Arbeiten sollten Sie zu diesem Zeitpunkt einen Überblick über Ihr zukünftiges Projekt haben. Sind Sie bei einigen Punkten noch unsicher, überarbeiten Sie Ihre Ziele und Arbeitspakete noch einmal. Es ist leichter jetzt zu korrigieren als in späteren Phasen des Projektes. Halten Sie deshalb an diesem Punkt kurz inne und wiederholen Sie die letzten drei Schritte. Sie können Ihre Arbeitspakete mit den Unterzielen vergleichen, neue Ziele aufnehmen, die Ziele umdefinieren, die Projektidee erweitern etc. Nehmen Sie sich die Zeit, Ihre Projektkonzeption noch mal zu überarbeiten. Am besten ist, den ganzen Projektentwurf ein paar Tage liegen zu lassen und den Kopf frei zu bekommen. Man ist schnell in die Detailplanungen verwickelt und verliert den Gesamtzusammenhang aus den Augen.

Versuchen Sie auch, Ihre Mitstreiter noch mal an einem Tisch zu versammeln, und gehen sie alle Pakete mit ihnen durch. Mit den einzelnen Bausteinen, die Sie in der Hand halten, können Sie Ihre Projektidee auch gut visualisieren. Hängen Sie das Oberziel, die allgemeinen und konkreten Unterziele und die Arbeitspakete untereinander an die Wand. Wo fehlt noch etwas? Gibt es noch weitere Ideen? Wo hakt die ganze Sache? Sie werden feststellen, dass es zu diesem Zeitpunkt nur noch um kleinere Ergänzungen gehen wird. Ihr Projekt sollte schon so gut aufgestellt sein, dass die ganze Idee nicht mehr in Frage gestellt wird.

Beispiel für ein Arbeitspaket „Studie erstellen"

Konkretes Unterziel 2 Arbeitspaket 5a Erstellung einer Studie mit dem Titel „..."	
Was?	Studie zum Thema XY, dient dazu Arbeitspaket Z vorzubereiten.
Wie?	Fremdauftrag, wird außerhalb des Projektes von Externen erstellt.
Wer?	Firma YZ wird als Dienstleister verpflichtet, ansonsten Verband Z oder Firma F.
Mit wem?	Verantwortlich Herr S. plus drei weitere Arbeitskräfte.
Womit?	Ressourcen werden vom Dienstleister bestellt. Arbeitspaket W1 und W 3 müssen fertig sein.
Wie lange?	Dauer zur Erstellung der Studie 8 Wochen, 2 Wochen zur Vorbereitung des Auftrages, 3 Wochen Nachbereitung – insgesamt 13 Wochen.

6 Organisationsplan entwickeln

Nach der Definition der Arbeitspakete geht es jetzt in die weitere Detailplanung. Mit den folgenden Schritten erstellen Sie zu verschiedenen Aspekten Ihres Projektes übersichtliche Pläne. Diese Pläne stellen jeweils auf einer Seite die wichtigsten Punkte des Projektes dar. Dazu gehören:

- der Organisationsplan, der die verschiedenen Tätigkeiten im Projekt und die verantwortlichen Personen benennt (dieses Kapitel),
- der Zeitplan, der den zeitlichen Rahmen des Projektes definiert (Kapitel 2.7),
- die Budgetplanung, die die finanzielle Seite regelt (Kapitel 2.8),
- die Risikoanalyse, die Stärken und Schwächen des Projektes genau untersucht (Kapitel 2.9),
- und schließlich der Projektstrukturplan, der alle vorher genannten Punkte in einer Übersicht zusammenführt (Kapitel 2.10).

Die Pläne werden in Tabellenform erstellt. Am besten eignet sich dazu ein Datenverarbeitungsprogramm wie Microsoft Excel oder Open Office Calc. Sie können die Tabellen aber auch innerhalb eines Schreibprogramms erstellen. Nur bei der Budgetplanung sollte unbedingt ein Kalkulationsprogramm verwendet werden.

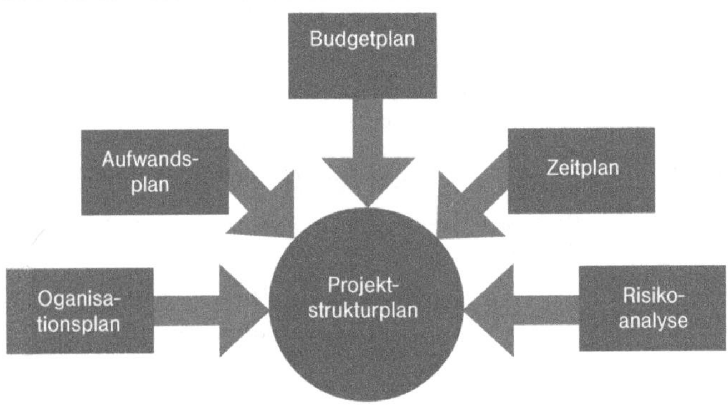

Zuerst einmal gilt es, den Organisationsplan zu entwickeln. Der Organisationsplan beschreibt, welche Personen welche Aufgaben innerhalb des Projektes übernehmen. Man kann in diesem Zusammenhang auch vom personellen Rahmen des Projektes sprechen. Innerhalb dieses Rahmens wird auch beschrieben, wie die einzelnen Ebenen im Projekt zusammen arbeiten. Dazu muss jede Person ihre Stellung und ihre Aufgaben kennen. Gemeinhin fallen in jedem Projekt folgende Aufgaben an (Bitte beachten: Im Folgenden wird eine idealisierte Version vorgestellt. Wie viele Mitarbeiter Sie auf welchen Positionen tatsächlich benötigen, hängt selbstverständlich von Ihrem Projekt ab):

Der Projektleiter

Er oder sie steuert das Projekt. Als Verantwortlicher muss er für Fehler geradestehen. Zu seinen Hauptaufgaben gehört:

- die tägliche Planung während des Projektverlaufes inklusive eventueller Abweichungen vom Projektantrag,
- die Koordination mit dem Auftraggeber und anderen Beteiligten,
- die Organisation und Verteilung der Arbeitspakete,
- die Budgetverantwortung.

Der Projektleiter muss die Übersicht behalten und das große Ganze organisieren. Projektleiter zu sein bedeutet aber mehr, als nur diese formellen Dinge zu erfüllen. Der Projektleiter muss fachlich auf der Höhe sein, sollte über Erfahrung in der Projektarbeit verfügen, er muss organisieren können und vor allen Dingen wissen, wie die Arbeitsgruppe motiviert werden kann. Insbesondere der letzte Punkt wird in vielen Projekten unterschätzt: Häufig wird die fachlich qualifizierteste Person als Projektleiter eingesetzt. Das ist dann gerne mal ein Professor der Ingenieurswissenschaft oder jemand mit einem guten fachlichen Ruf. Ob diese Person organisieren oder Gruppen führen kann, steht auf einem anderen Blatt. Treten die zu erwartenden gruppendynamischen Probleme im Projekt auf, ist die Not groß und das Projekt kann schnell scheitern.

Die meisten Probleme im Projektverlauf sind denn auch weniger sachlicher als vielmehr zwischenmenschlicher Art. Es wurde in diesem Buch schon eine kurze Einführung zur Gruppenarbeit gegeben.

Es empfiehlt sich für jeden angehenden Projektleiter, sich mit diesem Thema noch intensiver auseinanderzusetzen. Fortbildungsveranstaltungen werden in jeder Großstadt angeboten.

Interner Projektauftraggeber

Dieser ist in der Regel ein Vorgesetzter des Projektleiters. Gibt es keine Vorgesetzten (weil Sie selber der Chef sind), dann werden die Aufgaben des Projektleiters und des internen Auftraggebers in Personalunion erfüllt. Der interne Projektauftraggeber entscheidet in der Regel über die Durchführung des Projekts. Er muss die professionellen Rahmenbedingungen für das Projekt sicherstellen, indem er das Budget überprüft, Ressourcen zur Verfügung stellt und gegebenenfalls internes Personal mit in das Projekt einbezieht. Der interne Projektauftraggeber ist letztlich verantwortlich für das Gesamtprojekt. Bei externer Projektförderung kann er bei groben Fehlern oder Verstößen gegen die Förderrichtlinien haftbar gemacht werden. Besonders wichtig wird die Arbeit des internen Projektauftraggebers bei internen Ressourcenkonflikten, also Konflikten um Arbeitskraft oder Geldmittel innerhalb der eigenen Institution. Dann muss der interne Projektauftraggeber auch unbequeme Entscheidungen treffen können.

Für den Projektleiter ist diese Position sehr wichtig. Mit dem internen Auftraggeber können Konflikte gelöst und Ressourcen innerhalb der Firma erschlossen werden. Der interne Auftraggeber sollte deshalb so genau wie möglich über den Projektantrag und den Verlauf informiert werden. Regelmäßige Treffen und ein kurzes, regelmäßiges schriftliches Briefing (z.B. alle zwei Wochen) sollten, wenn möglich, durchgeführt werden.

Externer Projektauftraggeber

Der externe Projektauftraggeber, so vorhanden, ist natürlich noch wichtiger für das Projekt als der interne: er ist der Geldgeber und damit die letzte Instanz bei allen Entscheidungen. Bei Ihrem Projektantrag ist er Ihr Ansprechpartner: Der Antrag wird für diese Person oder Institution geschrieben, nicht für andere Fachleute oder Ihren Vorgesetzten! Planen Sie innerhalb Ihres Projektes regelmäßige Sitzungen mit dem externen Auftraggeber ein. Stellen Sie dar, wie Sie ihn in das Projekt einbeziehen und wie Sie regelmäßige Informationen über den Projektverlauf vermitteln wollen. Bedenken Sie, dass Auftraggeber sich in der Regel nicht mit den technischen Details befassen wollen. Für diese Personen ist es vordringlich, mit möglichst wenig Aufwand sicherstellen zu können, dass das Projekt das Förderziel erreicht. Es genügt meistens, monatlich ein Informationsblatt über den Projektverlauf an den Auftraggeber zu versenden und regelmäßige Sitzungen alle drei Monate einzuplanen. Letzteres kann auch im Rahmen einer Projektsteuergruppe geschehen.

Projektsteuergruppe

In der Steuergruppe können Sie alle für Sie wichtigen Personen unterbringen. Die Aufgabe der Steuergruppe ist generell den Projektverlauf zu begleiten und Hilfe bei unerwarteten Problemen zu leisten. Die Gruppe selber sollte überschaubar bleiben. Mit mehr als zehn Personen können Diskussionen schwierig werden. Nehmen Sie auf jeden Fall Ihre(n) Auftraggeber mit in diese Gruppe auf. Ein gutes Verhältnis zwischen dem Auftraggeber und dem Auftragnehmer ist immer anzustreben. Bei den Treffen sollten Sie für einen informellen Rahmen sorgen. Regelmäßige Treffen in einem angenehmen Ambiente sorgen für ein gutes Arbeitsklima, auftauchende Probleme können so erst einmal intern behandelt werden. Selbstverständlich sollte auch die Steuergruppe regelmäßig über den Projektverlauf informiert werden. Dies kann mit den gleichen Papieren erfolgen wie die Information des externen Auftraggebers.

Sie können die Steuergruppe auch nutzen, um einen breiteren Rahmen für das Projekt zu gestalten. Laden Sie zu einigen der Treffen weitere Interessierte ein, zum Beispiel Ihre Multiplikatoren oder andere Institutionen. Die erweiterte Steuergruppe hat den Vorteil, dass eine breitere Informationsbasis erreicht wird, die Öffentlichkeitsarbeit leichter zu bewerkstellig ist und Synergieeffekte mit anderen Projekten erreicht werden können. Der Nachteil liegt darin, dass der informelle Charakter der Steuergruppe verloren geht. Versuchen Sie, wenn möglich, noch zusätzliche Treffen mit der verkleinerten Gruppe zu organisieren. Sie können dann von einer internen und einer erweiterten Steuergruppe sprechen.

Teammitglieder

Diese Rolle erfüllen alle Personen, die in dem Projekt unter dem Projektleiter arbeiten. Dabei steht die fachliche Qualifikation im Vordergrund. Zu den Teammitgliedern gehören:

- die Fachkräfte; die Anzahl richtet sich nach Größe des Projektes,
- die Projektassistenz, die den Projektleiter bei der Organisation des Projektes unterstützt,
- die Verwaltung (Personal- und Budgetverwaltung), falls solche Abteilungen in der Institution vorhanden sind,
- die Presse- und Öffentlichkeitsabteilung, wenn vorhanden,
- sowie eventuell das Sekretariat.

Eine vollständige Liste dieser Art wird sicherlich nicht in allen Projekten vonnöten sein. Kleinere Projekte werden auch mit nur einem Projektleiter auskommen. Der Sinn dieser Unterscheidungen liegt aber darin, im nächsten Schritt den personellen Aufwand für Ihr Projekt abschätzen zu können. Hinzu kommt die Möglichkeit, den finanziellen Eigenanteil des Projektes zu erhöhen.

Externe Beteiligte

Unter den externen Beteiligten schließlich werden alle Personen und Institutionen verstanden, die Sie per Fremdauftrag an Ihrem Projekt beteiligen. Das können andere Institutionen und Firmen sein oder auch Einzelpersonen. Vielfach werden von anderen Firmen Fremdleistungen erbracht, die mit eigenen Ressourcen nicht zu bewältigen sind. Dazu gehören zum Beispiel externe Studien, Druckaufträge für Informationsmaterialien wie Flyer oder Broschüren, Werbeagenturen etc. Kurz, alles was von dritter Seite geleistet werden muss, da es (aus welchen Gründen auch immer) nicht vom Antragsteller übernommen werden kann.

Weitere Personen können je nach Projekt noch hinzukommen. In der Regel haben Sie mit dieser Aufzählung aber bereits eine Übersicht. Diese können Sie mithilfe einer Grafik visuell darstellen, die Ihnen auf einer Seite Ihren Personalbedarf und die verschiedenen Querverbindungen aufzeigt. Die Grafik können Sie mittels Ihres

Schreibprogramms erstellen, fast alle Programme bieten hierfür Tools an. Mit einem Grafikprogramm lässt sich natürlich einfacher und schöner arbeiten. Ihre Grafik kann als einfaches Organigramm folgendermaßen aussehen, je nach Ihren Verflechtungen können Sie noch Querverbindungen einfügen:

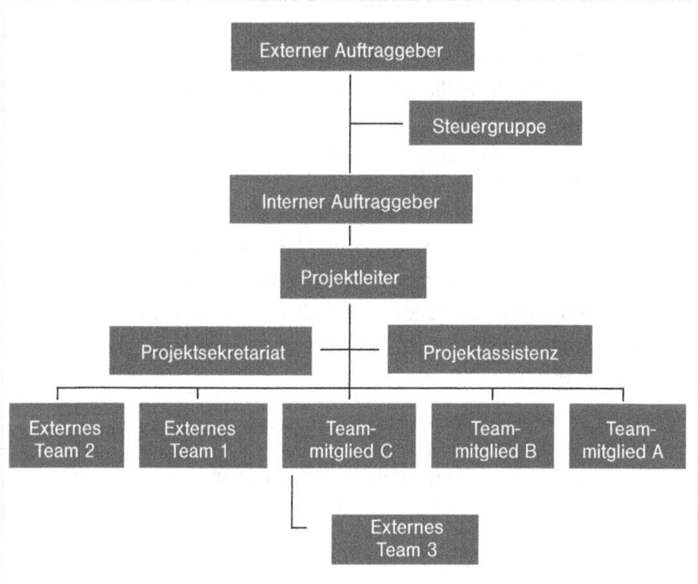

Mit diesen verschiedenen Personen können Sie jetzt den Organisationsplan erstellen. Dabei wandeln Sie Ihre Grafik in eine Tabelle um und fügen die relevanten Informationen zu jeder Person hinzu. In dieser Tabelle, auch Kommunikationsplan genannt, legen Sie fest:

- *wer* (Personen, Gruppen, Institutionen)
- *wem* (verantwortlich?)
- *wann* (Zeitpunkt, Rhythmus)
- *welche* Informationen (Inhalt)
- *in welcher Form* (Medium) übermitteln soll.

Auch bei dieser Tabelle gilt, dass Übersichtlichkeit vor Detailtreue geht. Ziel ist es, genau die Verantwortlichkeiten und die Kompetenzen jedes Einzelnen darzustellen. Für Ihren Projektantrag und auch für den späteren Verlauf des Projektes wird diese Darstellung sehr wichtig werden. Jeder wird sich hier mit seiner Aufgabe wiederfinden und erkennen, für welche Bereiche er oder sie die Verantwortung trägt. Im Konfliktfall weiß man anhand dieser Darstellung, wer wofür verantwortlich ist.

Denken Sie wieder daran, für wen Sie Ihren Antrag schreiben. Ihr Geldgeber will seine Rolle im Projekt sehen und erkennen, dass er regelmäßig informiert wird und bei auftauchenden Problemen weiß, an wen er sich zu wenden hat. Und auch Ihr Chef will sehen, dass er einbezogen wird.

Wenn Ihr Projekt die Beteiligung der Öffentlichkeit bzw. die Einbeziehung anderer Institutionen, Verbände oder anderer Multiplikatoren erfordert, können Sie den Kommunikationsplan um diese externen „Faktoren" erweitern. Ziel ist wieder, genau darzustellen, wie diese Personen in Ihr Projekt einbezogen bzw. wie sie darüber informiert werden.

Name	Position	Verantwortlich gegenüber	Welche Informationen	Wann	In welcher Form

7 Der Projektzeitplan

Einen Zeitplan zu entwickeln bedeutet nichts anderes, als die einzelnen Ziele und Arbeitspakete in eine zeitliche Reihenfolge zu bringen. Die einzige Schwierigkeit besteht darin, dass die Arbeitspakete selten nacheinander abgearbeitet werden können. Einige Arbeitspakte werden aufeinander aufbauen, andere Arbeitspakete werden sich zeitlich überschneiden und wieder andere parallel laufen müssen.

Bei der Erstellung der Arbeitspakete haben Sie schon den ersten Schritt hin zu Ihrem Projektzeitplan unternommen. Jedes Ihrer Arbeitspakete ist mit einem Zeitrahmen versehen, so dass Sie einen ersten Überblick über die Gesamtdauer Ihres Projektes gewonnen haben. Jetzt gilt es, diese Arbeitspakete zu organisieren. Dabei müssen Sie nicht nur das Verhältnis der einzelnen Arbeitspakete zueinander im Blick behalten, sondern auch Ihre zur Verfügung stehenden Personalressourcen. Einen Kollegen, der sich mit einem bestimmten technischen Detail auskennt, können Sie nur im Rahmen seiner Arbeitszeit einsetzen. Und nicht zuletzt müssen Sie die Arbeitszeit des Projektleiters im Auge behalten. Dieser muss die Aufgaben koordinieren. Auch diese Arbeitszeit kann man nicht ins Unendliche ausdehnen.

In der Praxis hat sich bei der Antragskonzeption ein zweistufiges Verfahren bewährt. In der ersten Stufe haben Sie Ihre Unterziele im Blick und versuchen diese in einen zeitlichen Ablauf zu bringen. In der zweiten Stufe arbeiten Sie mit den Arbeitspaketen und fügen deren Zeitbedarf in Ihre Tabelle ein. Versuchen Sie diesen Ablauf einzuhalten, wenn Sie mit der Methode der Arbeitsplanung noch unerfahren sind. Wenn Sie alles in einem Schritt machen, wird schnell ein Detail übersehen und muss später mühsam in das Schema eingearbeitet werden.

Und noch ein Tipp: Jedes Projekt verändert sich im Lauf der Durchführung. Dann müssen einzelne Arbeitsschritte angepasst werden. Dies sollten Sie bei Ihrer Planung mit bedenken. Sehen Sie die Reihenfolge deshalb nicht als unabänderlich an. Planung ist auch immer eine Anpassung an die Realität.

Der erste Schritt: mit den allgemeinen und konkreten Unterzielen arbeiten

Mit diesem Schritt schaffen Sie sich erst einmal einen zeitlichen Überblick über Ihre Projektziele. Nehmen Sie Ihre allgemeinen Ziele und bringen Sie sie in eine zeitliche Reihenfolge. Sie können sich dafür eine sogenannte Zeitleiste zeichnen. Wenn Ihr Projekt zum Beispiel auf zwei Jahre angelegt ist, unterteilen sie die zwei Jahre in 24 Monate und ordnen Sie Ihre allgemeinen Unterziele gemäß den Monaten an. Sie werden möglicherweise jetzt schon einige Ziele den gleichen Zeiten zuordnen müssen. Dies stellt in der Regel kein Problem dar. Später werden Sie nachprüfen müssen, ob Ihre Ressourcen ausreichen. Sie werden dann entweder neue Ressourcen erschließen oder eine Neuverteilung der Ziele vornehmen müssen. Aber wie gesagt, zu diesem Zeitpunkt sollten Sie erst einmal nur einen groben Überblick gewinnen.

Setzen Sie in die Zeitleiste auch Ereignisse ein, auf die Sie reagieren müssen bzw. die sie für die Erreichung Ihres Zieles nutzen können. Zum Beispiel Konferenzen, Tagungen, politische Ereignisse etc. Denken Sie auch daran, dass unvorhergesehene Ereignisse eintreten können. Das kann im Einzelfall erhebliche Zeit und Ressourcen kosten.

Arbeitshilfe: Zeitleiste in der Gruppe erstellen

Arbeiten Sie wieder mit der Kartenmethode. Die Ziele werden auf die Karten geschrieben und gemeinsam mit der Gruppe auf der Zeitleiste verteilt. Mit der damit verbundenen Diskussion können wieder neue Ziele entstehen, bestehende Ziele können auch konkretisiert werden oder Ziele zusammengefasst werden, die eigentlich ein gemeinsames Oberziel haben. Seien Sie offen für Veränderungen. Statt Karten kann auch eine Zeitleiste auf ein Flipchart gemalt werden. Stichworte zu den Zielen können dann direkt neben der Zeitleiste aufgeschrieben werden. Dieses Verfahren hat den Vorteil, dass die Flipchart nach Ende der Sitzung an eine Wand gehängt werden und so als Ergebnis weiter sichtbar bleibt.

Ihre Zeitleiste mit den allgemeinen Unterzielen könnte folgendermaßen aussehen:

Zeitleiste für allgemeine und konkrete Ziele

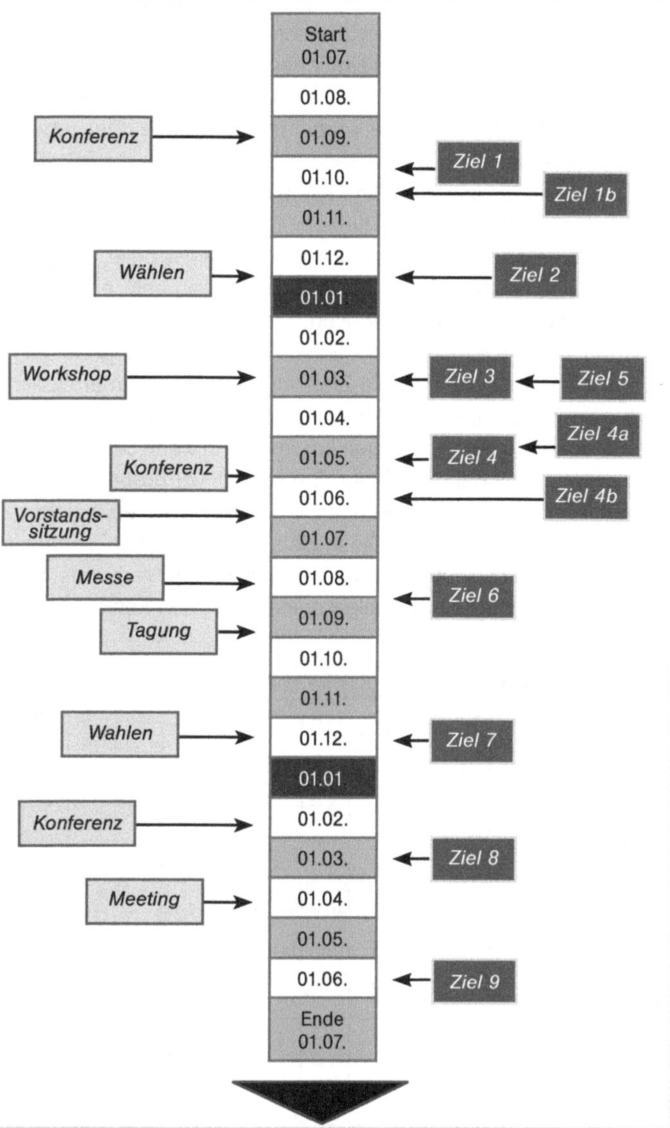

Mithilfe dieser Zeitleiste entwickeln Sie jetzt eine Zeittabelle. In diese fügen Sie ihre konkreten Unterziele ein. Die konkreten Unterziele können Sie einfach als „Unterüberschriften“ unter die allgemeinen Ziele setzen. Sie haben damit ein Schema, in dem Sie die wichtigsten Punkte Ihres Projektes übersichtlich untergebracht haben.

Die Tabelle unterteilen Sie wieder in die Monate oder – bei kleineren Projekten – Tage Ihres Gesamtzeitraumes. In die linke Spalte fügen Sie erst die allgemeinen Ziele als Überschriften und darunter die konkreten Ziele als Untertitel ein. Die Zeit, die Sie für die Zielerreichung veranschlagen, markieren Sie in der Tabelle. Sie können in der Zeittabelle auch noch den exakten Zeitpunkt eintragen, an dem Sie das Ziel erreichen wollen.

Versuchen Sie Ihre Ziele möglichst zeitlich nebeneinander zu platzieren. Vermeiden Sie zu viele Ziele in einem Zeitraum erreichen zu wollen. Im Verlauf des Projektes wird es bei einigen Arbeiten so gut wie garantiert zu Verzögerungen kommen und wenn Sie dann keinen Puffer eingeplant haben, können Sie schnell vor großen Problemen stehen. Mit diesem Schritt können Sie auch abschätzen, welches Ziel auf einem anderen aufbaut. Diese Ziele können Sie farbig markieren, gleiche Farben bedeuten, dass Ziele miteinander verbunden sind.

Eine Zeittabelle mit den allgemeinen und den konkreten Zielen kann so aussehen:

Ziele	**Projektmonate**										
	07	08	09	10	11	12	01	02	03	04	05	etc.
Ziel 1												
Unterziel 1a												
Unterziel 1b												
Ziel 1.1												
Ziel 2												
Unterziel 2a												
Ziel 3												
Unterziel 3a												
Unterziel 3b												
Unterziel 3c												
etc.												

Zweiter Schritt: mit den Arbeitspaketen arbeiten

Im zweiten Schritt fügen Sie Ihre Arbeitspakete ein. Zu jedem konkreten Ziel haben Sie schon in den vorherigen Planungsschritten Arbeitspakete entworfen. Sie können jetzt analog den Arbeiten mit den allgemeinen und konkreten Unterzielen vorgehen: Die konkreten Unterziele bilden Ihre Überschriften, unter diesen Überschriften fügen Sie die Arbeitspakete ein.

Und wieder der Hinweis: Seien Sie hier großzügig, es wird immer mehr Zeit benötigt, als am Anfang eingeplant. Planen Sie auch genug Zeit für die Koordination und Abstimmungsprozeduren ein. Bis Kollegen neben ihrer alltäglichen Arbeit die Zeit gefunden haben, ein Blatt Papier zu lesen und zu kommentieren, kann leicht eine Woche vergehen. Und vergessen Sie nicht Urlaubspläne oder sonstige Abwesenheitszeiten Ihrer Mitarbeiter (Konferenzen, Elternzeit, wichtige Termine etc.). In den Sommerferien zum Beispiel sind nur wenige Personen wirklich verfügbar.

Ihre Zeitplanung sieht jetzt so aus:

Ziele	Projektmonate											
	07	08	09	10	11	12	01	02	03	04	05	etc.
Ziel 1												
Unterziel 1a												
Arbeitspaket A												
Arbeitspaket B												
Unterziel 1b												
Arbeitspaket A												
Ziel 1.1												
Arbeitspaket A												
Ziel 2												
Arbeitspaket A												
Unterziel 2a												
Arbeitspaket A												
Arbeitspaket B												
Ziel 3												
Unterziel 3a												
Arbeitspaket A												
Arbeitspaket B												
etc.												

Der Zeitplan für Ihren Antrag

Für Ihren Projektantrag nehmen Sie der Einfachheit halber eine abgespeckte Version Ihres Zeitplanes. Den Originalplan, wie hier beschrieben, brauchen Sie für die Durchführung Ihres Projektes und für die Abstimmung Ihrer Planung. Für den Laien ist er zu unübersichtlich. Entfernen Sie deshalb zu viele Details aus der Tabelle. In der Regel werden die einzelnen Arbeitspakete nicht mehr dargestellt und man konzentriert sich nur auf die allgemeinen und konkreten Ziele. Je nach Größe Ihres Projektes kann es aber auch sinnvoll sein, die Arbeitspakete mit aufzuführen. Das müssen Sie entscheiden. Fügen Sie in dieser Tabelle auch die Meilensteine der Arbeitspakete mit ein. Manchmal kann es zusätzlich sinnvoll sein, Personalressourcen zuzuordnen. Dies ist insbesondere dann der Fall, wenn es sich um ein internes Projekt handelt, das sehr viele Personalressourcen benötigt. Aber versuchen Sie immer noch, die Tabelle möglichst übersichtlich zu gestalten. Es macht sich bezahlt, die Zeittabelle auf einer Seite darzustellen (nehmen Sie das Querformat), zwei Seiten werden schnell unübersichtlich. Ihr endgültiger Zeitplan kann nun folgendermaßen aussehen:

Ziele	Meilensteine	Personalbedarf	**Projektmonate**										
			07	08	09	10	11	12	01	02	03	04	etc.
Ziel 1													
Unterziel 1a													
Unterziel 1b													
Ziel 1b													
Ziel 2													
Unterziel 2a													
Ziel 3													
Unterziel 3a													
Unterziel 3b													
Unterziel 3c													
etc.													

8 Budgetplan erstellen

Mit dem Budgetplan erstellen Sie eine detaillierte Übersicht über die Kosten Ihres zukünftigen Projektes. Ziel des Budgetplanes ist, alle benötigten Ressourcen aufzulisten und monetär zu bewerten. Sie werden sich mit diesem Arbeitsschritt etwas länger befassen müssen. Die Budgetplanung ist mit das Wichtigste an Ihrem Projektantrag. Sie müssen von Anfang an sorgfältig arbeiten, sonst kommen Sie mit den im Antrag veranschlagten Mitteln bei der späteren Umsetzung des Projektes nicht aus. Nachträglich mehr Zeit und Geld zu verlangen ist selten von Erfolg gekrönt. Seien Sie deshalb bei der Kostenschätzung lieber etwas großzügiger, bleiben Sie aber realistisch. Versuchen Sie auch wirklich alle Kosten zu erfassen. Ein häufig vorkommender Fehler ist, dass nur die ausgabenrelevanten Kosten einbezogen werden, das heißt, diejenigen Kosten, die auch wirklich mit einem Geldtransfer verbunden sind. Andere Posten, wie zum Beispiel interne Personal- und Sachkosten (diejenigen Kosten, die innerhalb Ihrer Institution anfallen) werden oft nicht in die Planungen mit einbezogen und fehlen hinterher. Um hier einen Einstieg zu finden, hilft es, die verschiedenen Kostenarten in fünf Bereiche aufzugliedern.

1. Sachkosten

Dazu gehören Materialkosten, Raummiete, Büromöbel etc. Kurz, darunter fallen alle Dinge, die man „anfassen" kann.

- Materialkosten können Maschinen sein, Computerprogramme, Messe- oder Infostände oder alle sonstigen Anschaffungen, die Sie für Ihr Projekt planen. Diese Kosten werden in der Regel mit Ihrem Abschreibungswert in der Bilanzierung aufgeführt. Dieser beschreibt in diesem Fall den Anschaffungspreis minus den Wert, die die Materialien am Ende des Projektes besitzen. Anders ausgedrückt, wie viel Wert die Gegenstände im Laufe der Projektdauer verlieren. Wenn am Ende des Projektes die Maschine zum Beispiel drei Jahre alt ist, ist diese nur noch einen Bruchteil des Originalkaufpreises wert. Versuchen Sie zu überschlagen, wie hoch der Gebrauchtwert Ihrer Gegenstände am Ende ist, und ziehen Sie diese Summe vom Originalpreis ab. Am übersichtlichsten ist es, den Wertverlust für jedes Jahr anzugeben. Beantragen können Sie bei den meisten Projekten nur den Abschreibungswert, nicht den Orginalwert.

- Bei der Miete geben Sie die Miete pro Arbeitsplatz an. Wenn sich mehrere Personen einen Raum teilen, wird die Miete durch die Anzahl der Personen geteilt.
- Bei Büromöbeln oder Computern kommt es darauf an, ob Sie diese direkt für das Projekt beschaffen wollen oder ob sie schon vorhanden sind. Bei der direkten Anschaffung ist es relativ einfach, dann geben Sie die tatsächlichen Kosten minus des Restwertes nach Ende des Projektes an (Abschreibungskosten). Bei vorhandenen Materialien geben Sie den derzeitigen Abschreibungswert an. Der Einfachheit halber können Sie für diese Posten auch eine Pauschale angeben. Damit können auch die Kosten für Papierverbrauch, Drucker, Telefon und Fax und sonstige Büroutensilien abgedeckt werden.

2. Personalkosten

Wie viele Personen arbeiten am Projekt und wie lange sind sie mit den einzelnen Arbeitspaketen beschäftigt? Die Personalkosten können Sie in Stunden oder Tagen angeben, je nach Größe der Arbeitspakete und Ihres Projektes. Wenn Sie feste Stellen in Ihrem Projekt vorsehen, zum Beispiel für den Projektleiter oder einzelne Teammitglieder, können Sie die Kosten für die ganze Projektdauer angeben (vergessen Sie nicht die Sozialabgaben und Steuern, die Kosten eines Mitarbeiters sind beträchtlich höher als das, was nachher auf der Lohnabrechnung steht). Beschreiben Sie kurz die Arbeitsaufgaben und geben Sie in Prozenten an, an welchen Arbeitspaketen der Mitarbeiter in welchem Umfang beteiligt ist. So ist der Projektleiter zum Beispiel in kleineren Projekten meist nicht zu hundert Prozent mit der Leitung des Projektes beschäftigt. Geben Sie dann beispielsweise fünfzig Prozent der Gesamtarbeitszeit als „Projektleitung" an. (Weitere Arbeitszeit können Sie auf andere Bereiche verteilen, 20 Prozent Arbeitspaket „A", zehn Prozent Arbeitspaket „B" etc.)

3. Reisekosten

Reisekosten fallen bei fast allen Projekten an. Seien es Koordinationsaufgaben, die Reisen zu Projektpartnern erforderlich machen, seien es Konferenzen, bei denen den Teilnehmern die Reisekosten erstattet werden, oder einfach auch nur Reisen, die innerhalb des Projektes Sinn machen. Wenn Sie noch nicht in einem Projekt gearbeitet haben, werden Sie sich wundern, welchen Umfang dieser Posten annehmen kann. Kalkulieren Sie deshalb auch hier eher großzügig. (Aber nicht zu großzügig! Fünf Reisen nach Fidschi müssen Sie gut begründen können.) In dieser Aufwandsanalyse sollten Sie noch versuchen, zu jedem Arbeitspaket die Reisekosten exakt aufzuschlüsseln. In der späteren Budgetplanung reicht es meist aus, die Reisekosten als Pauschale anzugeben.

Reisekosten sind der am einfachsten zu kalkulierende Kostenanteil. Oft gibt es bestimmte Kilometersätze, die Sie für die Kalkulation zu Hilfe nehmen können. Bei Bahn- oder Flugreisen können Sie die Preise im Vorfeld erfragen. Doch Vorsicht gerade bei Flugreisen. Wenn keine Spezialangebote genutzt werden, ist man schnell im vierstelligen Bereich. Prüfen Sie auch, ob erster oder zweiter Klasse gereist wird. Die Kostenunterschiede sind erheblich.

4. Fremdaufträge

Unter Fremdaufträgen wird alles verstanden, was Sie an Arbeit nach außen geben. Das können Studien sein, Baumaßnahmen, Druckereikosten etc. Überlegen Sie sich dabei, welche Arbeiten Sie innerhalb Ihrer Institution erledigen können und was Sie kostengünstiger oder ressourcenschonender nach außen abgeben sollten. Es gibt Projekte, da wird nur die Steuerung innerhalb des Projektträgers erledigt und alle anfallenden Arbeiten werden an Dritte vergeben. In den meisten Fällen jedoch handelt es sich bei Fremdaufträgen um Arbeiten, die von Spezialisten erledigt werden müssen. Zum Beispiel wird der Druck von Flyern von professionellen Druckereien übernommen, Werbung für das Projekt von einer Werbeagentur, die Organisation von Veranstaltungen von einer Eventagentur und so fort. Je nach vorhandenen Ressourcen müssen Sie im Einzelfall entscheiden. Fremdaufträge sind in der Regel mit höheren Kosten verbunden.

Schließlich wollen Dritte auch etwas verdienen. Holen Sie sich am besten im Vorfeld eine Kostenschätzung ein. Noch ein Punkt, den Sie hier beachten müssen: Vielfach schreiben die Förderrichtlinien bestimmte Prozeduren bei der Vergabe von Aufträgen vor. Bei öffentlichen Ausschreibungen zum Beispiel muss aus mindestens drei Angeboten das kostengünstigste ausgewählt werden, ab bestimmten Beträgen muss EU-weit ausgeschrieben werden. Lesen Sie sich deshalb genau die Förderrichtlinien durch und fragen Sie notfalls direkt bei der zuständigen Stelle nach.

5. Eigenanteil

Der Eigenanteil stellt die andere Seite Ihrer Kostenabschätzung dar: die Plus- oder Habenseite. Er beschreibt, welchen Anteil Sie selber zu Ihrem Projekt beisteuern. In vielen Fördermaßnahmen ist die Höhe des Eigenanteils explizit vorgeschrieben. So wird derzeit bei den meisten von der Europäischen Union geförderten Projekten ein Eigenanteil von fünfzig Prozent gefordert. Das heißt, dass von den gesamten Projektkosten nur die Hälfte durch die Union kofinanziert wird. Gerade kleinere Antragsteller haben hier Schwierigkeiten. Auch in vielen anderen Fördermaßnahmen wird ein bestimmter Eigenanteil vorgeschrieben. Wie hoch der ist, lesen Sie in der Ausschreibung. Doch selbst da, wo kein Eigenanteil vorgeschrieben ist, ist es nicht verkehrt auf Eigenmittel hinzuweisen. Es wird Ihren Projektantrag attraktiver machen. Auch bei den Eigenmitteln kann man die oben angeführten Unterscheidungen treffen:

- Sachmittel: Dazu können wieder vorhandene Maschinen oder Büroutensilien gehören, die Sie hier als Eigenmittel einbringen können. Auch hier gilt, dass der Abschreibungswert in der Bilanz auftauchen sollte.
- Personalkosten: Dazu gehören, wie oben beschrieben, bei Ihrer Institution unter Vertrag stehende Personen, die zwar einen Beitrag zum Projekt leisten, aber nicht aus Projektmitteln bezahlt werden. Ist der Projektleiter fest angestellt, können Sie dessen Personalkosten auch als Eigenanteil in das Projekt einbringen. Eine Person, die dreißig Prozent ihrer Arbeitszeit dem Projekt widmet, wird mit dreißig Prozent ihres Gehaltes im Projektbudget angerechnet.

Auch der interne Auftraggeber wird häufig als Eigenanteil in das Projekt mit eingebracht, in der Regel mit zwanzig Prozent seiner Arbeitszeit.

Die Personalkosten werden gerne genutzt, um den Eigenanteil „hochzutreiben". Personalkosten sind in der Regel der Hauptanteil am Gesamtbudget. Damit ist es auch am einfachsten, hier zu einem hohen Eigenanteil zu kommen. Übertreiben Sie es aber nicht. Es muss schon plausibel bleiben, wer, warum, mit welchem zeitlichen Aufwand am Projekt beteiligt ist. Dass ein Sekretariat einen Teil der Projektarbeit neben seiner üblichen Arbeit erledigen kann, versteht sich von selbst, dass ein mit drei Personen besetztes Sekretariat hauptsächlich an Ihrem Projekt arbeiten muss, müssen Sie schon genau begründen können.

- Drittmittel: In der Regel fallen darunter Beiträge interessierter – oder vom Projekt profitierender – Institutionen. Die Leistungen können finanzieller Art sein (Spenden) oder auch aus Sachmitteln (Maschinen) bestehen. In die Drittmittel können auch Personalkosten eingerechnet werden (zum Beispiel, wenn eine Werbeagentur Ihnen eine Strategie liefert, ohne etwas dafür haben zu wollen. Dies passiert in der Regel nur bei gemeinnützigen Verbänden). In jedem Fall müssen Sie später in der Endabrechnung nachweisen können, dass etwas geliefert wurde. Entweder wurde Geld überwiesen, oder der Dritte stellt eine Rechnung aus (die dann nicht beglichen werden muss), oder es gibt einen Vertrag zur Überlassung bestimmter Materialien etc. Wie auch immer, Sie müssen Ihrem Auftraggeber am Ende des Projektes etwas Schriftliches präsentieren können. Nur solche Kosten können Sie auch in Ihrem Projektantrag aufführen.

Mit diesen fünf Bereichen haben Sie eine Struktur, um die Kosten Ihres Projektes übersichtlich zu gestalten. Manchmal ist es sinnvoll, eine sechste Gruppe zu definieren, in der unter „Sonstiges" alle weiteren Kosten aufgelistet werden, die nicht in das obige Schema passen. Wie Sie letztendlich Ihr Projekt kalkulieren und welche Kosten Sie als welchen Posten verbuchen, bleibt Ihnen überlassen. Feste Regeln gibt es dafür nicht, es sei denn in der Ausschreibung wird explizit darauf eingegangen. Und um noch einmal darauf hinzuweisen:

kalkulieren Sie großzügig, aber realistisch. Die Kosten müssen für die Bewerter Ihres Projektantrages nachvollziehbar sein.

Erstellung des Budgetplans

Bei der Erstellung Ihres Budgetplanes müssen Sie Ihre Ressourcen, Ihre Zeitplanung und Ihren Personalbedarf gleichzeitig im Blick behalten. In Fachkreisen wird in diesem Zusammenhang auch vom magischen Projektdreieick gesprochen: Der Zeitbedarf hat natürlich direkte Auswirkungen auf die Personalkosten, der Personalbedarf ist abhängig von den zur Verfügung stehenden Ressourcen und der Bedarf an Ressourcen hängt auch wieder von der zur Verfügung stehenden Zeit ab und so weiter.

Fangen Sie wieder mit Ihren Arbeitspaketen an. Zu jedem Arbeitspaket haben Sie schon in Kapitel 2.5 eine erste Kalkulation für den Ressourcenaufwand durchgeführt. Diese Kalkulation differenzieren Sie jetzt mithilfe des obigen Schemas. Listen Sie für jedes Arbeitspaket die Personal-, Reise- und Sachkosten sowie eventuelle Fremdaufträge und Eigenanteile auf. Sie können dafür eine Aufwandstabelle erstellen, die Ihnen eine Übersicht über die einzelnen Arbeitspakete und Ressourcen liefert:

Arbeitspaket	Sachkosten	Personalkosten	Reisekosten	Fremdaufträge	Sonstiges	Eigenanteil	Gesamt
1							
2							
3							
etc.							
Gesamt							

Sie müssen jetzt noch einen Abgleich mit Ihrem Projektorganisationsplan und Ihrem Zeitplan durchführen:

- Im Projektorganisationsplan haben Sie Ihren Personalbedarf skizziert und Aufgaben definiert, die wahrscheinlich nicht in den Arbeitspaketen auftauchen. Diese Aufgaben müssen Sie jetzt mit einer Kostenabschätzung versehen und in die obige Tabelle einfügen.

- In Ihrem Zeitplan haben Sie Ihre Ziele und Arbeitspakete in einer zeitlichen Reihenfolge sortiert. Sie müssen jetzt Ihre Zeitplanung daraufhin überprüfen, ob auch die benötigten Ressourcen zum erforderlichen Zeitpunkt zur Verfügung stehen. Konzentrieren Sie sich zuerst auf parallel laufende Arbeitspakete. Können diese mit den vorhandenen Ressourcen gleichzeitig abgearbeitet werden? Achten Sie insbesondere auf Ihre Personalressourcen. Häufig tritt das Problem auf, dass eine Person an mehreren Arbeitspaketen arbeiten muss und zeitlich überlastet ist. Aber auch Sachmittel können ein Problem darstellen. Der Etat ist nicht unbegrenzt. Wenn es zu Überschneidungen kommen sollte, müssen Sie entweder Ihre Ressourcen erweitern oder Ihre Zeitplanung neu überdenken. Und unterschätzen Sie nicht den Koordinationsaufwand bei allen Arbeitspaketen. Auch hier verfügen Sie nur über begrenzte Ressourcen.

Arbeiten Sie sorgfältig. In diesem Stadium kann man sich leicht in Details verlieren und es werden schnell wichtige Kostenblöcke übersehen. Mit dem obigen Schema ist diese Gefahr zwar gering, jedoch hängt es immer wieder vom Einzelfall ab, welche Kosten zusätzlich budgetiert werden müssen.

Wenn Sie Ihre Aufwandstabelle zusammengestellt und überprüft haben, können Sie den Budgetplan für Ihren Projektantrag entwerfen. Dieser wird aus der Aufwandstabelle erstellt. Der Budgetplan ist übersichtlicher und für den Laien einfacher zu verstehen. Er stellt nur das Wesentliche dar und wird im Gegensatz zur Aufwandstabelle dem Projektantrag beigelegt. Im Grunde geht es darum, Ihr Projekt finanziell plausibel zu machen. Gerade wenn Sie auf eine externe Förderung angewiesen sind, ist es wichtig, eine solide und übersichtliche Finanzierung zu präsentieren.

Der Budgetplan wird als Tabelle dargestellt. Nehmen Sie die Überschriften aus der obigen Aufwandstabelle und gestalten Sie daraus die linke Spalte. Lediglich der Eigenanteil wird in eine der folgenden Spalten platziert. Unter die jeweiligen Überschriften können Sie nach Bedarf einzelne Unterpunkte hinzufügen. Ziel sollte aber bleiben, den ganzen Budgetplan auf einer Seite unterzubringen. In die nachfolgenden Spalten schreiben Sie die Einzelposten und zusammenfassend die Gesamtposten. Am unteren Ende der Spalten haben Sie dann das Gesamtvolumen Ihres Projektes, mit Ihrem gesamten Eigenanteil und der veranschlagten Fördersumme.

Ein Budgetplan für Ihren Projektantrag kann dementsprechend folgendermaßen aussehen:

Posten	Kosten	Eigen-anteil	Gesamt	Förder-summe	Kommentar
Personal					
Projektleitung	55.643				Volle Stelle
Assistenz	22.718				20 %
Sekretariat	23.436	18.076			50 %
Verwaltung		7.346			15 %
Wissenschaftlicher Mitarbeiter	44.335				Volle Stelle
			171.554	128.056	
Reisekosten					
	500				Pro Monat
			6000	6000	Pauschale
Workshops					
Workshop xxx	4000	4000			
Workshop yyy	6000	3000			
Konferenz zzz	15.000	15.000			
			50.000	47.000	
Material					
etc.					
Bürokosten					
etc.					
Fremdaufträge					
etc.					
GESAMT					

Finden Sie ein Mittelmaß zwischen genauer Auflistung und Pauschalbeträgen. Büromaterialien zum Beispiel können Sie als Gesamtsumme angeben, es muss nicht jeder Bleistift einzeln abgerechnet werden. Reisekosten können Sie gleichzeitig als Pauschale angeben oder gesondert für größere Einzelposten (Reisekosten für eine

Konferenz, die sie organisieren). Wie genau Sie aufschlüsseln und unter welchen Überschriften Sie welche Kosten sortieren, bleibt Ihnen überlassen. Hauptsache, ein Laie kann den Plan verstehen und nachvollziehen.

Auch wenn dieses Vorgehen, erst die Aufwandstabelle zu gestalten und dann die Budgetplanung zu erstellen, kompliziert anmuten mag, ist es für Ihre Projektplanung sehr sinnvoll. Wie oben beschrieben, müssen Sie nicht nur für den gesamten Projektzeitraum planen, sondern auch jetzt schon wissen, was für ein Finanzvolumen Sie benötigen. Je genauer Sie planen, desto weniger Überraschungen gibt es im Laufe des Projektes. Dafür ist die Aufwandstabelle das richtige Instrument. In Ihrem Antrag hingegen müssen Sie nur einen Überblick über die einzelnen Posten liefern und auf eine einfache Art das Gesamtbudget und die beantragte Fördersumme beschreiben. Dafür reicht dann wieder der Budgetplan.

9 Risikoanalyse erstellen

Bevor jetzt die einzelnen Pläne in einem Gesamtplan zusammengeführt werden können, gilt es noch, einen Risikoplan zu erstellen. Risiken oder Probleme während des Projektverlaufes können Kosten erhöhen, Bearbeitungszeiten einzelner Arbeitspakete verlängern, die Ziele gefährden oder sogar den Abbruch des gesamten Projekts bewirken. Im schlimmsten Fall müssen dann Fördermittel zurückgezahlt werden. Dies kann gerade kleinere Unternehmen an den Rand des Ruins treiben. Dieser Gefahr sollten Sie sich bewusst sein. Wenn Sie Fördermittel beantragen, müssen Sie auch ein Auge auf ein mögliches Scheitern haben. Was passiert dann? Können Sie Ihre Projektpartner in die Pflicht nehmen? Kann Ihre Institution mit einem Teilverlust umgehen?

Mit der Risikoanalyse sollen Risiken schon im Vorfeld aufgezeigt und Gegenstrategien entwickelt werden. Natürlich kann man nicht alle Projektrisiken abdecken. Es geht hier vielmehr darum, sich selber und seine Mitstreiter auf mögliche Probleme aufmerksam zu machen. Es hilft ungemein, wenn schon im Vorfeld über mögliche Risiken diskutiert wurde und im Problemfall Verantwortlichkeiten klar und Gegenstrategien vorhanden sind. Risikomanagement ist während der Projektdurchführung die Hauptaufgabe des Projektleiters.

Bei der Risikoanalyse müssen Sie einen schmalen Grad überwinden. Zum einen sollen Sie offen alle Risiken aufzeigen, zum anderen dürfen Sie nicht schwarzmalen und keine „Panik“ erzeugen. Sie wollen Ihr Projekt schließlich starten. Versuchen Sie deshalb

- Risiken als ganz normal zu kommunizieren. Es werden immer Probleme im Projektverlauf auftauchen. Sie oder Ihr Projektleiter sind damit vertraut und rechnen sogar damit.
- Risiken zu benennen und gleichzeitig auch Gegenstrategien anzubieten. Damit zeigen Sie, dass Probleme lösbar sind und kein unüberwindbares Hindernis darstellen.
- Risiken positiv zu formulieren. Ein Managerspruch hierzu lautet: „Es gibt keine Probleme, nur Herausforderungen“. Sie und Ihre Projektpartner nehmen diese Herausforderungen an.
- Risiken als Anpassungen an die Wirklichkeit zu vermitteln. Ein

Problem im Projekt kann auch einen falschen Ansatz aufzeigen. „Jedes Problem ist auch eine Chance“. Wenn auf das Problem richtig reagiert wird, kann der Projekterfolg sichergestellt werden.

Es bietet sich an, die Risikoanalyse wieder in einem Dreischritt durchzuführen. Im ersten Schritt werden die Projektrisiken identifiziert, danach schließt sich die Bewertung an und im letzten Schritt werden Gegenmaßnahmen entwickelt. Es lohnt sich, auch diese Schritte in einer Projektgruppe durchzuführen. Zusammen ist es einfacher, möglichst viele Risiken zu erkennen; alleine werden einzelne Risiken oftmals übersehen oder als unwichtig abgetan.

1. Schritt: Risikoidentifikation

Schreiben Sie in einem Brainstormingprozess alle möglichen Risiken auf. Es kommt darauf an, möglichst viele Risiken zu benennen. Alle Einfälle sind erlaubt, auch die abwegigsten. Wenn Sie in einer Gruppe arbeiten, nutzen Sie wieder die Karten. Jeder kann seine Ideen auf die Karten schreiben und danach wird sortiert. Doch auch jede andere Methode, das Wissen der Teilnehmer abzurufen, ist erlaubt. Sie werden zu diesem Zeitpunkt sicherlich schon eine Methode für Ihre Gruppe gefunden haben. Nehmen Sie sich für diesen Punkt Zeit. Oft hat man die besten Einfälle, wenn man sich nicht direkt mit dem Thema beschäftigt. Sie werden sicherlich die meisten Risiken schon bis zum jetzigen Zeitpunkt erkannt haben. Diese können sie nach folgender Methode einordnen:

- *Akzeptanzrisiken:* Eine Lösung wird von den Betroffenen abgelehnt. Dies tritt häufig bei einzelnen Unterzielen bzw. Arbeitspaketen auf, die zwar gut gemeint sind, von der Zielgruppe jedoch abgelehnt werden.
- *Qualitätsrisiken:* Das Ergebnis eines Arbeitspaketes entspricht nicht der geforderten Qualität. Dies ist oft bei Fremdaufträgen der

Fall, wenn Ihr Projektpartner nicht die erwünschte Arbeit abliefert. Aber auch Ihr Auftraggeber kann mit Ihren Ergebnissen nicht einverstanden sein.

- *Kostenrisiken:* Die Folge ist, dass Ihr Budget nicht ausreicht. Dies wird in der Regel einzelne Arbeitspakete betreffen, kann aber auch beim Gesamtbudget vorkommen. Achten Sie auf Ihren Eigenanteil, wenn Sie unter die für das Projekt nötige Höhe geraten, kann die ganze Projektfinanzierung kippen.
- *Terminrisiken:* Termine müssen eingehalten, Meilensteine erreicht werden. Gerade wenn Arbeitspakete voneinander abhängen, kann eine kurze Verzögerung das ganze Projekt gefährden.
- *Personalrisiken:* Personal oder Partner springen ab und stehen nicht mehr zur Verfügung, Mitarbeiter werden krank, sind zeitlich überlastet oder schon in anderen Projekten verplant.

Zwischen den verschiedenen Risiken besteht natürlich ein Zusammenhang. Verschieben sich Termine, hat das Auswirkungen auf das Budget. Fällt Personal aus, können sich Termine verschieben und es erhöhen sich wieder die Kosten. Am Ende sind es meist zwei Dinge, bei denen Probleme auftreten: Zeit und Geld. Beide Ressourcen sind nur begrenzt verfügbar und nur mit großem Aufwand erweiterbar. (Zu Ihrer Beruhigung: In vielen Projekten werden Termin- und Budgetschwierigkeiten nicht nur erwartet, sondern sind schon eingeplant. So ist es durchaus üblich, eine Budgeterhöhung um zehn Prozent im Laufe des Projektes zu beantragen und zu erhalten. Auch Projektlaufzeiten können oft um fünf bis zehn Prozent verlängert werden. Die Kosten dafür muss dann aber oft der Projektdurchführende tragen.)

2. Schritt: Risikobewertung

Nachdem die Risiken ermittelt wurden, können Sie jetzt eine Bewertung vornehmen. Welche Risiken müssen Sie vordringlich im Auge behalten und welche sind eher unwichtig für Ihren Projekterfolg? Ziel ist eine Priorisierung der Risiken. Kennen Sie die wichtigsten Risiken und haben Sie Gegenstrategien zur Hand, werden Sie im Projektverlauf schnell reagieren können.

Zur Bewertung der Risiken gibt es zwei Kriterien: Zum einen muss die Eintrittswahrscheinlichkeit untersucht werden: Wie hoch ist die

Wahrscheinlichkeit, dass das Risiko x während des Projektes auftritt? Zum anderen gilt es, das Schadensausmaß zu ermitteln: Welche Gefahr bedeutet das Risiko x für den Projekterfolg? Beide Kriterien bestehen unabhängig voneinander. Aber: eine hohe Eintrittswahrscheinlichkeit muss nicht gleichzeitig ein hohes Schadensausmaß bedeuten und umgekehrt. So ist es sehr wahrscheinlich, dass einer Ihrer Mitarbeiter während des Projektes krank wird, jedoch muss dies nicht zwangsläufig das ganze Projekt gefährden. (Dies hängt natürlich auch von Ihren Gegenmaßnahmen ab, die Sie im nächsten Punkt erarbeiten werden.)

Es gibt zwei Möglichkeiten, wie Sie die Bewertung durchführen können. Die einfachere ist die qualitative Bewertung. In einem Brainstormingprozess oder in Diskussionen wird eine Bewertung in „sehr hoch", „hoch", „mittel", „niedrig" und „sehr niedrig" durchgeführt. Sie können dafür eine Tabelle aufzeichnen und jeweils Plus- oder Minuszeichen in die Bewertungsskala einführen. Am Ende erhalten Sie ein übersichtliches Bild zur Gesamtbewertung.

Risiko	Eintrittswahrscheinlichkeit	Schadensausmaß	Gesamt
	++	+	++
Risiko 2	0	++	+
Risiko 3	–	–	–
etc.	–	0	–

Sehen Sie die Gesamtbewertung eher als Anregung denn als exakte Vorgaben. Bei der Bewertung der Risiken gilt, dass es sich um eine subjektive Betrachtung handelt. Es hängt von den Umständen und der eigenen Einschätzung ab, wie relevant ein Risiko für ein Projekt ist. So wird obiges Beispiel mit der Krankheit eines Mitarbeiters bei einem gut aufgestellten Team keine hohe Bewertung erhalten. Wenn Sie jedoch auf bestimmte Mitarbeiter besonders angewiesen sind, kann das Risiko erheblich höher sein.

Eine andere Möglichkeit der Bewertung ist die quantitative Bewertung. Dabei wird mit Risikokennzahlen oder Risikokosten gearbeitet. Diese Form ermöglicht eine genauere Bewertung, setzt aber Erfahrung in der Projektarbeit voraus. Genaue Ergebnisse sind nur bei genauer Bewertung der Risiken möglich. Sie müssen also eine sehr konkrete Vorstellung von den Risiken haben, um zu vernünftigen Ergebnissen zu kommen. Oder anders ausgedrückt, es gilt das „garbage in – garbage out"-System: wo Müll hineinkommt, kommt auch Müll heraus. Eine weitere Problematik dieser Methode liegt darin, dass sich viele Projektrisiken meist nur ungenau quantifizieren lassen. Deshalb kann leicht eine Scheinrealität abgebildet werden, die nur dazu dient, den Leser zu beeindrucken. Trotzdem soll diese Methode hier vorgestellt werden. Entscheiden Sie je nach Ihrer Gruppe, welche Methode Sie bevorzugen.

Der Ansatz der quantitativen Methode ist ähnlich der qualitativen. Wieder fangen Sie mit einer Tabelle an, in der sie die Risiken je nach Schadensausmaß und Eintrittswahrscheinlichkeit auflisten. Das Schadensausmaß wird jetzt nochmals unterteilt: in die Auswirkungen auf Qualitätsziele, Kostenziele und Zeitziele. Für jedes dieser Ziele ist eine Bewertung von eins bis drei möglich.

Nr.	Risiko	Auswirkungen			Wahrscheinlichkeit	Risikokennzahl	Bewertung	Maßnahme
		Qualität	Kosten	Zeit				
1		1	1	1	10%	0,30	geringe Priorität	
2		1	2	1	10%	0,40	mittlere Priorität	
3		2	2	2	15%	0,90	hohe Priorität	
4		3	2	1	30%	1,80	sehr hohe Priorität	
5								
6								
...								

Die Eintrittswahrscheinlichkeit wird in Prozenten angegeben. Nach der Formel „Qualitätsziel plus Kostenziel plus Zeitziel mal Eintrittswahrscheinlichkeit in Prozent" wird die Risikokennzahl ermittelt. Aus dieser ergibt sich die Bewertung: Eine Risikokennzahl unter 0,4 ergibt eine niedrige Priorität, von 0,41 bis 0,8 ergibt sich eine mittlere, von 0,81 bis 1 eine hohe und schließlich für alle Risikokennzahlen über 1 eine sehr hohe Priorität.

< 0,4	geringe Priorität
0,41 – 0,8	mittlere Priorität
0,81 - 1	hohe Priorität
> 1	sehr hohe Priorität

Eine Beispiel (Risiko 4) verdeutlicht dieses Prinzip: Im Projekt x ist fraglich, ob ein bestimmter Fachmann die Aufgabe y übernehmen kann. Sollte diese Person nicht zur Verfügung stehen, hat dies

- hohe Auswirkungen auf die Qualität des Arbeitspaketes: 3 (diese Person ist der einzige Experte für diese Aufgabe),
- mittlere auf die Kosten: 2 (es kann eine andere Person diese Aufgabe billiger machen),
- geringe auf die Zeit: 1 (Aufgabe wird erledigt, kann aber etwas länger dauern).

Die Wahrscheinlichkeit, dass die Person absagen wird, wird mit 30 % eingeschätzt. Aus diesen Daten ergibt sich eine Risikokennzahl von 1,8:

Qualität plus Kosten plus Zeit mal Wahrscheinlichkeit gleich Risikokennzahl
3 + 2 + 1 * 30% = 1,80

Diese Risikozahl bedeutet eine sehr hohe Priorität. Die Gegenmaßnahme ist in diesem Fall einfach, der Experte muss frühzeitig angefragt werden.

3. Schritt: Gegenmaßnahmen

Der letzte Schritt ist jetzt die Suche nach möglichen Gegenmaßnahmen. Zu jedem prioritären Risiko sollten Sie im Vorfeld eine Strategie für die Bewältigung zur Verfügung haben. Sie müssen diese Strategien nicht bis ins letzte Detail planen. Oft reicht es, einen Ansatz zu finden, mit dem Problem umzugehen oder es erst gar nicht auftreten zu lassen. Zu vielen Risiken sind ähnliche Lösungsstrategien sinnvoll. Wichtig ist, dass Sie Ressourcen einplanen, um die Strategien bei Bedarf nutzen zu können. Ohne Anspruch auf Vollständigkeit erheben zu wollen, lassen sich vier Grundstrategien herauskristallisieren:

1. Vermeidung: Dies ist sicherlich die sinnvollste Strategie. Wenn möglich, sollten potenzielle Risiken schon im Vorfeld vermieden werden. So kann das Projektdesign geändert werden (indem Arbeitspakete neu definiert werden) oder es können mehr Zeit und Ressourcen eingeplant werden (zusätzliche Personalstelle, erhöhtes Projektbudget). Änderungen an der Projektkonzeption werden Zeit in Anspruch nehmen, sind aber die einfachste Variante. Die Möglichkeit, Zeit und Ressourcen als Vorsorgeposten für den Eintritt etwaiger Risiken bereitzustellen, hängt vom Finanzvolumen Ihrer Institution bzw. des Auftraggebers ab. Setzt man hier die Posten zu hoch an, ist das ganze Projekt in Gefahr, nicht bewilligt zu werden. Inwieweit Sie hier agieren können, müssen Sie selber abschätzen.
2. Verminderung: Dies ist die zweite Option. Wenn sich Risiken nicht vermeiden lassen, müssen Sie minimiert werden. Oder anders, nach der obigen Schematik ausgedrückt: Die Eintrittswahrscheinlichkeit muss reduziert werden. So kann eine gute Planung Arbeitsbelastungen Einzelner im Rahmen halten und Fehlzeiten vermeiden. Verstärkte Projektkommunikation kann Fehlerquellen frühzeitig aufzeigen und minimieren. Hohe Vertragsstrafen können das Risiko minimieren, dass Projektpartner aus dem Projekt aussteigen. In der Detailplanung wird oft offensichtlich, mit welchen Mitteln man arbeiten kann.
3. Übertragung: Sie können im Projektdesign festlegen, wer für welches Arbeitspaket die Verantwortung trägt. Damit können Sie Risiken an andere Personen übertragen. Am elegantesten ist die Lösung, Risiken an den Auftraggeber zurückzuleiten. Dies können Sie zum Beispiel bewerkstelligen, wenn der Auftraggeber für die Organisation oder auch nur die Einladungen eines Workshops zuständig ist. Nutzen Sie auch die Möglichkeit, Ihren Auftraggeber in die Steuergruppe aufzunehmen (siehe Kapitel „Projektorganisationsplan erstellen"). Dann haben Sie zwar noch die Verantwortung, können aber darauf hinweisen, dass die Steuergruppe Ihr Vorgehen abgesegnet hat. Das setzt natürlich regelmäßige Konsultationen und frühzeitige Information voraus. Nehmen Sie auch Ihre Projektpartner in die Pflicht. Diesen sollten Sie, wenn möglich, Arbeitspakete so überlassen, dass sie allein

verantwortlich für die ordnungsgemäße Ausführung sind. Sie haben dann zwar immer noch die Gesamtverantwortung, können aber durch klare Verträge das Ausfallrisiko minimieren oder das Finanzrisiko Ihren Partnern überlassen.

4. Akzeptanz: Als letzte Möglichkeit bleibt es Ihnen überlassen, Risiken zu akzeptieren und bewusst einzugehen. Diese Möglichkeit sollten Sie aber nur bei unwichtigeren, das Projektziel nicht gefährdenden Arbeitspaketen in Kauf nehmen. Bei strategisch wichtigen Zielen sollten Sie wenigstens einen Plan B in der Hinterhand haben.

Alle diese Strategien sind natürlich nicht immer eins zu eins anwendbar. Bei Ihrem Projekt müssen Sie individuelle Lösungen für Ihre individuellen Probleme finden. Eine fertige Risikoanalyse kann in Tabellenform schließlich wie folgt aussehen. Es reicht aus, wenn Sie Ihre Gegenstrategien in Stichworten skizzieren, bei Bedarf können Sie sie auch auf einem Extrablatt niederschreiben. Wichtig ist wieder, dass Sie am Ende ein übersichtliches Dokument präsentieren können:

Risiko	Eintritts-wahrschein-lichkeit	Schadensausmaß			Gesamt	Gegen-maß-nahme
		Qualität	Kosten	Zeit		
Risiko 1	++	+	0	++	++	
Risiko 2	0	++	0	+	+	
Risiko 3	-	–	0	–	–	
Risiko 4	++	0	0	+	++	
etc.						

Zum guten Schluss des Kapitels noch einen Rat: Risikomanagement hört nicht mit dem Projektantrag auf. Es sollte vielmehr in einem Projekt ein kontinuierlicher Prozess sein, der auch im Projektantrag angesprochen wird. Teilweise sind Sie frei, zusätzliche Mittel für diesen Posten in Ihr Budget aufzunehmen. Der Projektleiter muss das Risikomanagement als eine seiner Kernaufgaben während der gesamten Projektdauer begreifen. Wählen Sie Ihren Projektleiter auch nach diesem Kriterium aus. Wenn Sie selber Projektleiter werden und noch keine Erfahrung mit Projekten haben, sollten Sie über eine Fortbildung in diesem Bereich nachdenken.

10 Projektstrukturplan erstellen

Sie kommen jetzt langsam zum Ende. Die verschiedenen Arbeitspläne, die Sie bislang erstellt haben, können Sie jetzt zum Projektstrukturplan zusammenfassen. Dieser dient dazu, Ihr Projekt begreifbar und überschaubar zu machen. Im Endeffekt müssen Sie nichts weiter tun, als alle vorherigen Pläne in einem Plan zusammenzufassen. Zusätzlich haben Sie hier nochmals die Möglichkeit, Ihr Projekt im Zusammenhang zu betrachten und die letzten Fehler auszubügeln.

Beim Projektstrukturplan handelt es sich um eine Darstellung in Tabellenform, die einen Überblick über das Gesamtprojekt liefern soll. Wenn Sie Ihre vorherigen Tabellen in einem Kalkulationsprogramm wie Excel erstellt haben, müssen Sie einfach nur alle Tabellen in einer zusammenführen.

In die erste Spalte kommen wieder die allgemeinen Ziele, gefolgt von den konkreten Unterzielen. Um Übersicht zu schaffen, können Sie auch die konkreten Unterziele weglassen, das hängt von Ihrem Projekt ab. In die nächste Spalte setzen Sie Ihre Arbeitspakete unter die jeweiligen Ziele. Danach stellen Sie in der nächsten Spalte dar, wer für diesen Schritt die verantwortliche Person ist und wer die jeweiligen Arbeitspakete durchführen soll. In die folgenden Spalten fügen Sie Ihren Zeitplan ein. Nutzen Sie dafür mehrere Spalten, auf denen Sie Wochen- oder Monatsabschnitte definieren. Die Zeitdauer der Pakete können Sie farbig markieren. Sie können auch, um Übersicht zu schaffen, lediglich den Beginn und das Ende des Arbeitspaketes eintragen. Sie können zusätzlich zu den Arbeitspaketen die Meilensteine angeben. Damit wirkt das Ganze noch konkreter und der Betrachter weiß gleich, mit welchem Ergebnis ein Paket abgeschlossen wird. Ihr Plan kann dann aber wieder unübersichtlicher wirken, im Einzelfall müssen Sie entscheiden. Die letzte Spalte schließlich können Sie mit der Überschrift „Kommentare“ versehen und wichtige Punkte noch genauer ausführen. Ihr Projektstrukturplan wird am Ende so aussehen:

Ziele	Teilziel	Arbeits-paket	Person	Beginn	Ende	Meilen-stein	Kommen-tar
Ziel 1			Weber	01.12.	14.03.	XXX	
	A		Müller	05.12.	01.02	YYY	
		A1	Müller	05.12.	10.12.	ZZZ	
		A1	Schmidt	01.01.	25.01.		
	B		Müller				
		B1	Müller				
Ziel 2							
	A						
		A1					
		A1					
etc.							

Teilweise werden im Projektstrukturplan auch die Kosten für das jeweilige Arbeitspaket angegeben. Meist ist dies aufgrund der Projektstruktur aber nicht sinnvoll. Die Pakete werden sich im Laufe des Projektes noch verschieben oder an Intensität zunehmen bzw. abnehmen. Wenn die Kosten den Arbeitspaketen direkt zugeordnet sind, können Restmittel nur schwer auf andere Arbeitspakete übertragen werden. Es ist bei der Antragstellung einfacher, das Gesamtbudget auf einer gesonderten Seite beizulegen. Zudem ist es übersichtlicher (siehe auch Budgetplan, Kapitel 2.8).

Und vergessen Sie nicht, einen eigenen Aufgabenblock für das Projektmanagement zu definieren. Als gesonderte Aufgabe sind für das Projektmanagement unterschiedliche Arbeitspakete zu erfüllen, dazu können gehören:

- Projektplanung
- Projektcontrolling
- Projektkoordination
- Projektmarketing
- Projektdokumentation
- Projektabschluss

Wie weiter oben schon angedeutet, sollten Sie auch bei diesen Punkten großzügig rechnen, es wird mehr Arbeit auf den Projektleiter zukommen, als vorher gedacht. Sie können auch einzelne Arbeiten wie das Projektcontrolling oder das Projektmarketing von anderen Personen durchführen lassen oder als externen Auftrag weitergeben.

Sie haben jetzt Ihre Planungen fertiggestellt. Zu diesem Zeitpunkt sollten Sie ein in sich kohärentes Projekt vor sich liegen haben. Glückwunsch, Sie haben erfolgreich die Projektkonzeption geschafft. Als letzter Schritt steht nur noch die schriftliche Zusammenfassung für den Projektantrag an.

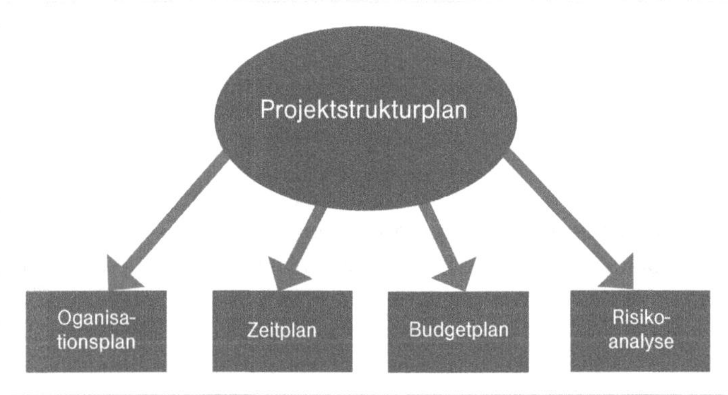

11 Das Schreiben des Antrages

Mit den vorherigen Schritten haben Sie Ihr Projektdesign fertig gestellt. Sie müssen jetzt anhand dieser Struktur die einzelnen Punkte kurz, und vor allen Dingen verständlich, im Projektantrag beschreiben. Den Projektstrukturplan aus dem letzten Abschnitt und Ihren Budgetplan (Kapitel 2.8) legen Sie als Anlagen Ihrem Antrag bei. Je nach Projekt empfiehlt es sich, auch einige weitere Pläne beizulegen. Wenn es der Übersicht dient, tun Sie es. Auf der anderen Seite können zu viele Informationen aber auch schnell zu Verwirrung führen. Verfassen Sie Ihren Antrag lieber kurz und knapp als lang und unübersichtlich.

Diesen Rat sollten Sie beherzigen. Je einfacher und klarer Ihr Projektantrag geschrieben ist, desto leichter kann ihn der Bewerter verstehen. Versuchen Sie, sich in dessen Lage zu versetzen: Wahrscheinlich hat der Bewerter schon zehn Anträge an diesem Tag gelesen. Fünfzig weitere liegen noch auf dem Tisch. Jeder Antrag muss gelesen, verstanden und bewertet werden. Pro Antrag bleiben vielleicht fünf Minuten für das erste Verständnis und noch mal eine halbe Stunde, um eine Bewertung zu skizieren. Nur diejenigen Anträge, die innerhalb der ersten fünf Minuten verstanden werden, landen auf dem „Plus-Stapel“ und werden weiterbearbeitet. Die anderen bekommen eine negative Bewertung verpasst und landen wortwörtlich im Mülleimer. Ihre Aufgabe ist es, Ihr Projekt innerhalb von fünf Minuten verständlich zu machen und auch eine gewisse Neugierde zu wecken, damit weitergelesen wird. Dies ist sozusagen die Kür beim Antragschreiben. Die Pflicht ist die richtige Budgetierung und die Stringenz im Antrag selber.

Ein Punkt, auf den an dieser Stelle nochmals hingewiesen werden soll: Schon im ersten Kapitel wurde dargestellt, dass Sie den Adressaten Ihres Projektantrages so gut wie möglich kennen sollten. Wenn Sie jetzt anfangen, Ihren Projektantrag zu schreiben, müssen Sie sich der Ziele und Interessen dieser Person oder Institution bewusst sein. Sie müssen Ihren Antrag so formulieren, dass deren politische, soziale oder wirtschaftliche Ziele zumindest berücksichtigt werden. Es geht hier um strategisches Denken: Sie wollen, dass Ihr

Antrag positiv beschieden wird, dafür müssen Sie die Interessen der bewertenden Institution kennen und bedienen.

Wie im Deutschunterricht in der Schule prägen zwei Bausteine einen guten Aufsatz bzw. Antrag: der Aufbau des Dokuments und die Sprache.

1. Aufbau

Vielfach gibt es in Ausschreibungen schon einen Musterantrag. Damit ist ein klarer Aufbau vorgegeben, an den Sie sich unbedingt halten sollten. Denken Sie an die fünfzig anderen Anträge auf dem Tisch des Bewerters. Die Person hat sicherlich kein Interesse daran, sich erst in Ihr Format einzulesen. Bleiben Sie strikt am vorgegebenen Muster. Wenn Sie die einzelnen Schritte dieses Kapitels durchgegangen sind, ist es in der Regel nicht mehr viel Arbeit Ihre Struktur anzupassen. In den allermeisten Fällen sind die Mustervorgaben sehr ähnlich aufgebaut.

Wenn Sie den Antrag online ausfüllen können/müssen, sind häufig Zeilenbegrenzungen vorgegeben. Damit wird sichergestellt, dass Anträge nicht ausufern und man sich auf das Wesentliche beschränkt. Halten Sie sich auch hierbei strikt an die Vorgaben. Versuchen Sie nicht mehr Text, z.B. durch eine kleinere Schrift, einzufügen. Prüfen Sie stattdessen lieber Ihre eigene Skizze, ob Sie sie nicht noch kürzen können. Wenn Sie partout auf keinen Absatz verzichten möchten, können Sie einzelne Passagen immer noch als Anlage hinzufügen.

Sollte ein Muster nicht vorgegeben sein, empfiehlt sich eine Vorgehensweise gemäß dem Motto „das Wichtigste zuerst und dann den ganzen Rest." Im Folgenden wird ein Beispiel vorgestellt, wie Sie Ihren Projektantrag gestalten können.

Deckblatt

Auf die erste Seite gehört Ihre Institution mit der vollständigen Anschrift, einschließlich Telefonnummer (auch Handynummer) und einer E-Mail-Adresse. Falls Sie einen Internetauftritt haben, bitte auch unbedingt die Internetadresse angeben. Für den Bewerter ist es wichtig, Informationen über den Antragsteller zu bekommen. Deshalb sollten Sie dem Antrag auch eine kurze Beschreibung Ihrer Institution beilegen. Sie müssen beweisen, dass Sie fähig sind, ein Projekt zum Erfolg zu führen, und mit den Mitteln, die sie erhalten, auch wirtschaftlich klug umgehen können. Wenn Sie in der „Szene" bekannt sind oder Ihr Projekt innerhalb Ihrer Institution durchgeführt werden soll, brauchen Sie sich diese Mühe natürlich nicht machen.

In die Mitte des Deckblattes schreiben Sie den Projekttitel. Dieser Projekttitel muss ein „eyecatcher" sein. Wie in der Werbung muss sich der Titel sofort einprägen. Als Untertitel sollten Sie die Daten der Ausschreibung (wenn Sie eine Förderung beantragen) einfügen: „Projektantrag für das Förderprogramm ... bei ..."

Als Letztes fügen Sie noch das aktuelle Datum ein und das Deckblatt ist fertig. Sie können auf der nächsten Seite jetzt mit dem eigentlichen Antrag beginnen.

Kurzfassung

Beginnen Sie Ihren Antrag mit einer Kurzfassung. Damit kann der eilige Leser mit einem Blick die wichtigsten Punkte erfassen. In die Kurzfassung gehört Ihre Projektidee, Ihre Zielgruppe, die wichtigsten Punkte zur Vorgehensweise und der Hintergrund oder das auslösende Problem des Projektes. Dies alles sollten Sie in nicht mehr als fünf bis zehn Zeilen unterbringen. Je kürzer, desto besser. Das Formulieren der Kurzfassung wird viel Zeit und Mühe erfordern, ist aber den Aufwand wert. Denken Sie daran, dass häufig nur die Kurzfassung gelesen wird. Bei der Formulierung Ihrer Projektskizze und im Kapitel 2.4 „Ziele setzen" haben Sie schon an der Kurzfassung gearbeitet. Nutzen Sie diese Vorlagen und formulieren Sie diese gegebenenfalls dem folgenden Aufbau entsprechend um:

Konzentrieren Sie sich zuallererst auf Ihre Idee: Was soll das Projekt bewirken? Warum ist es wichtig, dass es durchgeführt wird? Nicht sehr innovativ, aber eine Stütze für Ihren Anfang: „Mit diesem Projekt wird ..." Die Kernidee sollten Sie möglichst in zwei kurzen Sätzen beschreiben. Mehr verwirrt nur. Im Anschluss beschreiben Sie, wen das Projekt erreichen soll, sowie die wichtigsten Arbeitsschritte. Damit kann der Bewerter einen Überblick über den

Projektverlauf bekommen, ohne sich in Einzelheiten vertiefen zu müssen. Erst am Ende des Absatzes fügen Sie einen oder zwei Sätze zum Hintergrund des Projektes ein. Viele fangen erst mit dem Hintergrund an, um daraus die Projektidee zu kristallisieren. Dies ist eine logische Vorgehensweise, aber überlegen Sie selber: Ist es sinnvoll, erst das Unwichtige zu beschreiben, um dann endlich auf den Punkt zu kommen? Sie wollen schließlich an dieser Stelle keine Situationsanalyse machen, sondern Ihre Projektidee kurz und überzeugend erläutern.

Inhaltsverzeichnis

Bei umfangreicheren Projekten bietet es sich an dieser Stelle an, ein Inhaltsverzeichnis der darauffolgenden Seiten einzufügen. So kann der Leser gleich erkennen, wie Ihr Projektantrag aufgebaut ist. Wenn Ihr Antrag nur wenige Seiten umfasst, verzichtet Sie darauf.

Ziel definieren

Nach der Kurzfassung können Sie mit der ausführlicheren Beschreibung Ihres Projektes anfangen. Doch auch hier gilt: Versuchen Sie, sich so kurz wie möglich zu fassen, und schreiben Sie möglichst verständlich. Dies muss hier immer wieder angesprochen werden, weil viele Antragsteller denken, dass man seine fachliche Kompetenz herauskehren und möglichst alle Ideen in einem Antrag zusammenfassen muss. Dies ist exakt das falsche Vorgehen. Fachliche Kompetenz besitzen Sie, darum schreiben Sie einen Antrag. Und es ist immer besser, sich auf einige wenige Punkte zu konzentrieren und diese vernünftig umzusetzen, als möglichst alles auf einmal zu machen und am Ende nichts Überzeugendes zu Papier gebracht zu haben.

Ihr Ziel sollten Sie deshalb in möglichst wenigen Sätzen beschreiben können. Nicht sehr originell, aber deutlich ist der Anfangssatz: „Ziel des Projektes ist ..." Damit beschreiben Sie den Kern Ihres Projektes in einem Satz. Weitere Ziele, die ebenfalls mit dem Projekt erreicht werden, sowie positive Nebeneffekte, die Ihr Projekt auf andere Bereiche hat, können Sie anschließend in einigen Sätzen kurz beschreiben.

Zielgruppen

Als nächstes beschreiben Sie Ihre Zielgruppen. Damit benennen Sie die Adressaten Ihres Projektes. Versuchen Sie Ihre Hauptzielgruppe möglichst konkret zu fassen. „Mit dem Projekt erreichen wir alle Jugendlichen“ ist als Projektziel sehr schwer zu erfüllen. „Mit dem Projekt erreichen wir alle 12- bis 14-jährigen Jugendlichen, die an einer Hauptschule sind“ ist konkreter und bestimmt leichter zu erreichen. Falls Sie mehrere Zielgruppen innerhalb Ihres Projektes erreichen wollen, bleiben Sie bei einer Unterteilung in Hauptzielgruppe und Nebenzielgruppen. Es ist für den Bewerter leichter verständlich, wenn eine Zielgruppe im Vordergrund steht.

Zielerreichung

Wie wollen Sie das Projektziel erreichen? Welche Mittel setzen Sie dafür ein? Unter der Überschrift der Zielerreichung können Sie Ihren innovativen Ansatz darstellen (wenn Sie einen haben; wenn nicht, versuchen Sie Ihren Ansatz innovativ aussehen zu lassen). In diesem Punkt wird das Mittel, die Methode oder das „Wie“ Ihres Projektes beschrieben. Dieser Absatz ist mit der wichtigste in Ihrem Antrag. Ziel und Zielgruppen sind relativ leicht verständlich, dieser Absatz zeigen soll, dass Sie Ihre Arbeit professionell angehen. Die Zielerreichung ist der Kern Ihres Projektes, hier müssen Sie etwas bieten, womit Sie sich von Ihren Konkurrenten abheben.

Beschreiben Sie kurz Ihre wichtigsten allgemeinen Unterziele, teilweise können auch konkrete Unterziele genannt werden. In der Regel sind dies die Schritte, die Sie zum Projekterfolg führen sollen. Sie beschreiben hier noch nicht alle einzelnen Arbeitsschritte, mit denen Sie Ihr Projekt umsetzen wollen. Es reicht aus, eine allgemeine Beschreibung der einzelnen Hauptschritte zu geben, mit denen das Projektziel erreicht wird. Ihr Satzanfang könnte so lauten: „Um das Ziel zu erreichen, werden im Projektverlauf folgende Schritte unternommen: ...“

Projektdauer

Beschreiben Sie nach der Zielerreichung die Dauer des Projektes. Wann soll das Projekt starten und wie viel Zeit ist für die Durchführung eingeplant? Geben Sie, wenn möglich, ein konkretes Datum an. Verweisen Sie auf den Anhang für weitere Details. Ihr genauer Zeitplan ist im Projektstrukturplan dargestellt.

Kosten

Geben Sie unter dieser Überschrift die Kosten und die beantragte Fördersumme an. Vergessen Sie ihren Eigenanteil nicht. Das Budget erläutern Sie im Einzelnen in Ihrem Budgetplan, den Sie als Anhang Ihrem Projekt beilegen. Verweisen Sie hier auf diesen Anhang.

Projektpartner

Geben Sie unter diesem Punkt Ihre Partner an, sofern Sie welche haben. Sie können diese auch in Förderer, Mitwirkende oder Projektbegleiter einteilen. Geben Sie hier nur die Namen und eine Kurzbeschreibung der Institution in einem Satz an. Als Anhang sollten Sie eine ausführlichere Beschreibung mit Adressen und, falls vorhanden, auch schriftlichen Kooperationszusagen beifügen. (Lassen Sie Ihre Partner diese Arbeit machen. Sie sollen Ihnen jeweils auf einer Seite eine Beschreibung Ihrer Institution und der wichtigsten Anknüpfungspunkte zum Projekt liefern. Dann wissen Sie auch, wie ernst es Ihren Partnern mit Ihrem Projekt ist.)

Hintergrund des Projektes

In diesem Absatz beschreiben Sie das zu Grunde liegende Problem, welches Sie mit Ihrem Projekt lösen wollen. Beschreiben Sie auch, was in dieser Richtung schon unternommen wurde und wie ihr Projekt in diesen Rahmen passt. Zeigen Sie bestehende oder schon durchgeführte Lösungsansätze auf und warum diese nicht zum Erfolg geführt haben. Sie stellen damit Ihr Projekt in eine Reihe anderer Versuche zur Lösung des Problems, nur mit dem Unterschied natürlich, dass Sie genau erklären können, warum Ihr Ansatz funktionieren wird. Gut ist auch, wenn Sie auf ähnliche Projekte verweisen können, die in anderen Bereichen funktioniert haben. Damit können Sie darstellen, dass Ihr Ansatz tragfähig und durchführbar ist. Weisen Sie auch auf Anknüpfungspunkte zu anderen Projekten hin und wie sie Ihr Projekt an diese anbinden können. Damit können Synergieeffekte erreicht werden, die ein einzelnes Projekt nicht erlangen kann. Wenn möglich, stellen Sie positive Effekte für den Förderer heraus. Vergessen Sie nicht das Eigeninteresse der bewertenden Institution.

Arbeitspakete

In diesem Punkt können Sie endlich Ihr Projekt im Einzelnen beschreiben. Mit den allgemeinen und konkreten Unterzielen und den einzelnen Arbeitspaketen aus Ihrer Projektkonzeptionsphase haben Sie eine Struktur an der Hand. Beschreiben Sie Ihre Arbeitspakete anhand dieses Dreiklangs: erst das allgemeine Ziel, dann das konkrete und schließlich die Arbeitsschritte. Geben Sie auch noch den zeitlichen Aufwand für jedes Arbeitspaket an.

Sie müssen selbst hier nicht alle Details beschreiben. Wichtig ist, dass der Bewerter den Eindruck erhält, dass alle Arbeitsschritte durchdacht und zielführend sind. Führen Sie, wenn möglich, Pakete zusammen oder verzichten Sie auf unwichtige Arbeitspakete. Versuchen Sie den Überblick zu bewahren. Gefördert wird am Ende nicht jeder Arbeitsschritt, sondern die Zielerreichung.

Anhänge

Jetzt sind Sie mit Ihrem Antrag auch schon fertig. Führen Sie unter dieser Überschrift noch Ihre Anhänge an, damit keiner verloren geht. Dazu gehören:

- Eigendarstellung Ihrer Institution
- Projektstrukturplan
- Budgetplan (einfach)
- Projektpartner mit Beschreibung

Auch Ihre anderen Pläne können Sie beilegen, wenn es das Projekt erlaubt. Gerade der Projektorganisationsplan (Kapitel 2.6) ist bei bestimmten Projekten wichtig.

2. Sprache

Schon im ersten Kapitel wurde darauf hingewiesen, dass Sie für Ihren Adressaten schreiben müssen. Wenn Sie diese Regel beherzigen, können Sie eigentlich nichts mehr falsch machen. Zur Unterstützung sollen hier noch einige Hilfen gegeben werden, mit denen Sie den sprachlichen Stil Ihres Antrags dem Stil des Empfängers anpassen können. Die Auswahl der folgenden Punkte beruht auf den gängigsten Fehlern, die in fast allen Projektanträgen (leider) immer wieder auftreten:

Stil

Je nach Arbeitsbereich werden verschiedene Stile verwendet. Die folgende Aufzählung dient der Orientierung und kann natürlich nicht verallgemeinert werden:

- In der Wirtschaft steht das Kosten-Nutzen-Denken im Vordergrund. Hier muss klar und sachlich argumentiert werden, welchen Nutzen das Projekt zu welchen Kosten für die Institution hat. Die Sprache ist dementsprechend zielführend und muss klipp und klar die wichtigsten Fakten beschreiben.
- In der Wissenschaft muss bewiesen werden, dass der Autor alle Aspekte des Themas durchdrungen hat. Deshalb nehmen Verweise, Fußnoten und Literaturangaben einen großen Raum ein. Die Sprache ist (leider) für den Laien oft unverständlich, verschachtelte Sätze und Verben im Konjunktiv sind häufig zu finden.
- Im Sozialbereich wird häufig das Menschliche angesprochen. Die Sprache ist weniger rational aufgebaut, sondern soll den Leser direkt ansprechen. Meist gibt es umfangreiche Situationsbeschreibungen. Der Stil ist eher langatmig, aber in der Regel gut lesbar.

Diese klischeehafte Aufzählung macht deutlich, dass für jede Art von Projektantrag eine eigene Sprache notwendig ist. Doch selbst wissenschaftliche Texte müssen nicht unverständlich sein. Im angelsächsischen Raum, in dem Forscher sich sehr viel mehr um Geldgeber kümmern müssen, sind Texte besser und verständlicher formuliert.

Verben verwenden

Unsere Sprache lebt von Verben, in Texten sorgen Verben für konkrete und anschauliche Sätze. Verben und Substantive zusammen ergeben einen ruhigen, fließenden Text. Bei der Verwendung sollten Sie folgende Grundregeln beachten:

- Leider werden in vielen Bereichen aktive Verben in Substantive umgewandelt, mit dem Ergebnis, dass Texte schwerfällig und langweilig wirken:
  - Unterstützung statt unterstützen
  - Beschreibung statt beschreiben
  - Einrichtung statt einrichten

  Die Substantivierung (achten Sie auf die Endung -ung) der Verben führt dazu, dass Sätze unnötig kompliziert werden. Jedes Substantiv braucht ein Hilfsverb (bieten, vorstellen, liefern). Damit werden langatmige Satzkonstruktionen entwickelt, um einen einfachen Sachverhalt zu beschreiben. Ein Beispiel verdeutlicht dies: „Das Projekt bietet der Zielgruppe Informationen an, die den Betreffenden in seiner Arbeit Unterstützung bieten." Besser ist: „Das Projekt informiert die Zielgruppe und unterstützt die Betreffenden bei ihrer Arbeit." Meist wird der substantivische Stil gewählt, weil er sich „hochtrabender" anhört. Auch können Festlegungen vermieden oder Formulierungen abgeschwächt werden. „Es besteht oft die Notwendigkeit, dass Beteiligte sich zwischen Pest oder Cholera entscheiden müssen." Direkter hört es sich in der Verbform an: „Beteiligte müssen sich oft zwischen Pest oder Cholera entscheiden."
- Eine weitere, oft benutze Form von Verben sind die sogenannten Funktionsverben, auch Streckverben genannt:
  - Unter Beweis stellen statt beweisen
  - Zum Vorwurf machen statt vorwerfen
  - Einen Verlust machen statt verlieren

  Funktionsverben sind die beste Möglichkeit, Schachtelsätze zu gestalten und Sätze unverständlich zu machen. „Das Projekt soll die Annahme, dass Menschen einen Verlust mit der Aufnahme der angebotenen Arbeit, die für sie nicht zumutbar ist, machen können, unter Beweis stellen." Um diesen Satz zu verstehen, muss erst der letzte Teil gelesen werden. Bis dahin ist der Anfang aber schon wieder vergessen. Dieser Satz lässt sich auch einfacher formulieren: „Das Projekt beweist, dass Menschen mit der Aufnahme unzumutbarer Arbeit verlieren können."

- Vermeiden Sie schließlich Verben mit überflüssigen Vorsilben:
  - auffüllen statt füllen
  - anmieten statt mieten
  - ankaufen statt kaufen

  Das ist Bürokratendeutsch und verkompliziert nur unnötig die Bedeutung des Verbes. Mieten ist mieten und kaufen ist kaufen. Die Vorsilben bieten keine weiteren Informationen.
- Vermeiden Sie überlange Wörter

  Nutzen Sie, wenn es geht, kurze prägnante Substantive anstatt zusammengesetzter Wortungetüme:
  - statt Zielstellung einfach Ziele
  - statt Rückerinnerung einfach Erinnerung
  - statt Rückantwort einfach Antwort

  Wie schon oben bei den Verben mit den überflüssigen Vorsilben gilt auch hier, dass die Vorsilben das Wort nur verkomplizieren und keine zusätzlichen Informationen bieten. Überlange Wörter entstehen auch bei zusammengesetzten Substantiven: „Das Projekt zeigt die Dampfschifffahrtsproblematik auf". Besser hört es sich an, wenn das Wortungetüm gekürzt wird: „Das Projekt zeigt die Probleme der Dampfschiffe."

Fremdwörter und Fachbegriffe

Häufig werden Fremd- und Fachwörter benutzt, um die eigene Inkompetenz zu verschleiern. Nach dem Motto: „Wenn ich nur kompliziert genug schreibe, wird keiner meine Fehler erkennen." Für Ihren Antrag sollten Sie dieses Motto nicht beherzigen. Fremdwörter und Fachbegriffe sollen hier aber nicht verteufelt werden, sie gehören zu einem Projektantrag dazu. Sie schreiben schließlich keine Einladung zu einem Geburtstag. Fremdwörter können und sollen genutzt werden, solange sie sich im Sprachgebrauch eingebürgert haben und keine deutsche Entsprechung vorliegt. Computer, Handy, aber auch das Fenster sind in der deutschen Sprache fest verankert. Gegen einen angemessenen Gebrauch von Fremdwörtern und Fachbegriffen ist nichts einzuwenden. Nur zu viel darf es nicht werden. Ihren Projektantrag schreiben Sie in der Regel nicht für Ihre Fachkollegen, seien Sie deshalb mit der Verwendung unbekannter Wörter vorsichtig. Eine einfache Regel besagt: Fremdwörter nur benutzen, wenn Sie allgemein bekannt sind, Fachwörter nur benutzen, wenn der Leser sich in dem Fachgebiet auskennt. Eine Ausnahme besteht allerdings: Wenn die Institution, die Ihren Antrag bewertet, selber im Fachgebiet beheimatet ist, dann ist Fachvokabular erwünscht und gefordert. Dies ist häufig bei wissenschaftlichen Projektanträgen der Fall. Aber seien Sie auch hier mit der Verwendung von Fachvokabular vorsichtig: Können Sie sicher sein, dass der Gutachter sich in Ihrem speziellen Fachgebiet auskennt?

Abkürzungen

Seien Sie sparsam mit Abkürzungen. Zwar wissen die meisten Menschen was mit zzt., v.a., Ziff. gemeint ist, es liest sich jedoch mühselig. Abkürzungen besagen, dass sich der Urheber nicht die Mühe machen wollte, das Wort auszuschreiben. Sinnvolle Abkürzungen sind hingegen Namen oder Bezeichnungen, die sich im Text häufig wiederholen, zum Beispiel:

- Nichtregierungsorganisation (NRO)
- United Nations (UN)
- Bundesministerium für Bauen und Verkehr (BMBV)

Die Abkürzungen müssen dann aber im Text eingeführt werden: „In dem Projekt werden in erster Linie Nichtregierungsorganisationen (NRO) angesprochen, die sich ...“ Rechnen Sie nicht damit, dass Ihr Leser jede Ihnen bekannte Abkürzung kennt.

Satzbau

Die richtige Satzlänge lässt sich nicht definieren. Kurze Sätze sind generell leichter verständlich als lange, eine einfache Aneinanderreihung von Minisätzen wird aber schnell langweilig. Am lebendigsten wirken Texte, wenn ein kurzer Satz von einem längeren gefolgt wird und dann wieder ein kurzer folgt. Die Abwechslung macht es für den Leser interessant. Vermeiden sollten Sie auf jeden Fall Schachtel- und Bandwurmsätze. Schachtelsätze fügen einen Nebensatz in den nächsten ein: „Das Projekt soll zeigen, dass, neben den anderen, oben angesprochenen Oberzielen, auch noch andere, im besagten Feld liegenden Ziele, erreicht werden können." Bandwurmsätze sind Sätze, die einen Nebensatz nach dem anderen anfügen: „Das Projekt zeigt die Wirksamkeit der Methode, dazu die Möglichkeiten der Fallstudie und fordert die Menschen zur Mitarbeit auf, währenddessen andere Personen als professionelle Mitarbeiter dienen." Solche Sätze können Sie leicht in zwei oder drei Hauptsätze teilen. „Das Projekt zeigt, dass die obigen Oberziele erreicht werden können. Zusätzlich sind noch anderen Ziele erreichbar, die im besagten Feld liegen." Oder „Das Projekt zeigt die Wirksamkeit der Methode und die Möglichkeiten der Fallstudie. Menschen werden zur Mitarbeit aufgefordert, andere dienen als professionelle Mitarbeiter." Der Leser wird es Ihnen danken.

Und noch ein Tipp

Gute Schreiber sind in erster Linie gute Umschreiber. Kein Mensch kann einen Text in einem Zug in perfekter Form abliefern. Gehen Sie immer von einem Entwurf aus und verfeinern Sie diesen Schritt für Schritt. Vier bis fünf Überarbeitungen eines Textes sind ein Minimum, zehn bis fünfzehn Überarbeitungen Realität.

3. Zum guten Schluss

Leider ist das Schreiben eines Projektantrages mit vielen Stolpersteinen übersät: Deadlines machen Druck, Projektpartner liefern ihre Schriftstücke nicht rechtzeitig ab oder steigen zwei Tage vor dem Abgabetermin aus dem Projekt aus, Formatierungen verschieben sich, Tabellen verschwinden und garantiert ist beim Druck die Druckerpatrone leer. Fast immer werden die letzten drei Tage und Nächte vor dem Abgabetermin durchgearbeitet. Stress ist vorprogrammiert.

Lassen Sie sich dadurch nicht entmutigen. Planen Sie Puffer beim Schreiben des Antrages ein und halten Sie sich, wenn möglich, die letzte Woche vor dem Abgabetermin für den Antrag frei. Bereiten Sie sich und Ihre Kollegen auf die stressigen letzten Tage innerlich vor. Kaffee und Schokolade sollten nicht fehlen ....

12 Überprüfung und Auswertung

Geschafft! Der Antrag ist fertig. Überprüfen Sie jetzt noch einmal Ihren Antrag, damit Sie auch wirklich nichts vergessen haben. Folgende Fragen können Ihnen dabei behilflich sein:

1. Wie ist der Name des Projektes?
   Ist Ihr Projekt mit einem Projekttitel versehen? Ist der Titel leicht verständlich, auch für den Laien? Ist er kurz und prägnant?
2. Wie lautet die Projektidee?
   Ist die Kernidee des Projektes klar und präzise dargestellt? Ist diese in zwei bis drei Sätzen beschrieben worden? Wird auch dem Nichtfachmann die Bedeutung der Idee verständlich?
3. Ist die Kurzfassung prägnant?
   Beschreibt die Kurzfassung die wichtigsten Punkte des Projektes? Sind Projektziel, -ablauf und -hintergrund in wenigen Sätzen präzise beschrieben? Kann ein Laie Ihnen anhand Ihrer Kurzfassung die wichtigsten Punkte des Projektes aufzählen?
4. Ist der Hintergrund des Projektes klar?
   Wird der Hintergrund des Projektes kurz und knapp ausgeleuchtet? Ist das „Warum" des Projektes leicht ersichtlich? Ist die Bedeutung des Projektes zur Lösung des Problems auch dem Nichtfachmann verständlich?
5. Wird die Zielgruppe des Projektes beschrieben?
   Wird im Antrag deutlich, für wen das Projekt durchgeführt werden soll? Wer genau ist/sind der/die Adressat(en) Ihres Projektes? Ist/sind die Zielgruppe(n) deutlich beschrieben und voneinander abgegrenzt?
6. Sind die Unterziele deutlich?
   Wird im Projektantrag auf die einzelnen Unterziele (allgemein und konkret) eingegangen? Sind alle Unterziele für das Projekt sinnvoll und zielführend? Können einzelne Ziele ohne Einfluss auf das ganze Projekt entfernt werden?
7. Werden die Arbeitspakete beschrieben?
   Sind alle wichtigen Arbeitspakete im Projektantrag beschrieben worden? Wird das Fortkommen des Projektes anhand der

Arbeitspakete deutlich? Sind Meilensteine vorhanden, die die Ergebnisse der Arbeitspakete anzeigen?

8. Ist der Budgetplan durchgerechnet?
   Sind keine Fehler im Budgetplan vorhanden? Sind alle Posten aufgeführt? Ist die Fördersumme deutlich angegeben? Ist der Eigenanteil eingebaut? Stimmt die Gesamtsumme mit der Summe der Einzelposten überein?
9. Ist der Gesamtzeitraum angegeben?
   Wann startet das Projekt? Wann ist das anvisierte Ende? Ist der Projektzeitraum im Antrag angegeben?
10. Ist der Zeitplan des Projektes logisch?
    Liegt dem Zeitplan eine nachvollziehbare Basis zugrunde? Ist er in sich konsistent? Sind alle Arbeitspakete im Projektzeitraum erreichbar?
11. Sind alle Aufgaben der Projektgruppe klar beschrieben?
    Sind alle Aufgaben innerhalb des Projektes vergeben? Sind die wichtigsten Funktionen deutlich und eventuell auch schon besetzt? Ist die Funktionsbeschreibung für alle Personen hinreichend genau?
12. Sind alle Kooperationspartner eingebunden?
    Werden im Antrag alle Kooperationspartner genannt? Ist deutlich, welchen Anteil am Budget sie besitzen? Sind alle Kooperationspartner ausreichend informiert? Sind alle Dokumente der Partner, einschließlich eventueller Verträge, vorhanden?
13. Sind alle Anlagen vorhanden?
    Sind der Budgetplan und der Zeitplan dem Antrag beigelegt? Fehlen noch Anhänge oder sind noch nicht fertiggestellt? Ist alles in einem Dokument zusammengeführt?
14. Ist eine Projektadresse angegeben?
    Wer ist der verantwortliche Projektträger? Ist die vollständige Adresse einschließlich Internet- und Telefonadresse angegeben? Ist die Bankverbindung aufgeführt?
15. Sieht das Dokument gut aus?
    Stimmen die Formatierungen in Ihrem Dokument noch? Sind Fußnoten auf der richtigen Seite? Sind Seitenzahlen vorhanden? Haben alle Überschriften die richtige Größe und sind richtig durchnummeriert? Wurde die Rechtschreibung überprüft?

Die Abgabe: Erfolge feiern

Der Antrag ist fertig und bereit zum Abschicken? Wenn Sie ihn per Post einreichen, schicken Sie ihn per Einschreiben. Falls eine E-Mail mit Anhang gefordert ist, schicken Sie Ihre Dokumente als pfd-Datei (Acrobat Reader). Programme zur Umwandlung Ihres Dokuments finden Sie kostenlos im Internet zum Beispiel unter www.winload.de – Stichwort pdf-creator. Wenn Sie Ihren Antrag als Word-Datei versenden, wird es unweigerlich passieren, dass Ihre Formatierungen ganz anders aussehen, als ursprünglich gedacht. Fragen Sie nach, ob das Dokument angekommen ist. Meistens bekommen Sie eine Eingangsbestätigung. Wenn nicht, rufen Sie an.

Alles erledigt? Antrag ist abgeschickt? Dann vergessen Sie nicht zu feiern. Einen Antrag zu kreieren und zu Papier zu bringen ist keine Kleinigkeit. Schätzungsweise nur drei Prozent aller guten Ideen schaffen es bis zu diesem Stadium. Nehmen Sie Ihre Mitstreiter und machen Sie sich einen netten Abend. Schließlich brauchen Sie diese auch noch, wenn der Antrag bewilligt wird. Und selbst wenn nicht, der nächste Antrag ist nicht weit und jetzt wissen Sie ja, wie es geht.

Viel Glück!

Weiterführende Literatur

(teilweise kommentiert)

A Guide to the Project Management Body of Knowledge,
Official German Translation von Project Management Institute
- 33,45 €

Bärentango. Mit Risikomanagement Projekte zum Erfolg führen
von Tom DeMarco - EUR 19,90 Thema Risikomanagement gut erläutert

Basics Projektplanung von Hartmut Klein (Oktober 2007)
- 12,90 €

Checklisten Projektmanagement von Jacques Boy - 24,90 €

Controlling von Projekten von Rudolf Fiedler - 32,90 €
In diesem Werk wird ausschließlich das Controlling behandelt.

Controlling von Projekten. Projektplanung, Projektsteuerung und Projektkontrolle von Rudolf Fiedler - 34,90 €

Der Termin. Ein Roman über Projektmanagement von Tom DeMarco - 19,90 €
Das Managen von Projekten als Roman geschrieben und dementsprechend als Nachtlektüre lesbar

Die Kritische Kette. Das neue Konzept im Projektmanagement
von Eliyahu M. Goldratt - 25,50 €
Einstieg in das Thema Critical Chain

Effizientes Projektmanagement. Erfolgreich Konzepte entwickeln und realisieren von Elisabeth Mehrmann und Thomas Wirtz (Januar 2002). Branchenübergreifend werden alle Fragen rund um die Organisation, Durchführung und Finanzierung von Projekten behandelt.

Einführung in Projektmanagement. Definition, Planung, Kontrolle und Abschluss von Manfred Burghardt - 37,90 €

Erste-Hilfe-Koffer für Projekte. 33 Lösungen für die häufigsten Probleme von Klaus D. Tumuscheit - 29,80 €
Praxistipps zur Behandlung der menschlichen Probleme im Projekt

Handbücher Unternehmenspraxis: Wie Sie Projekte zum Erfolg führen. Planung, Führung und Teamarbeit in die richtige Balance bringen von Jörg-Peter Schröder - 24,95 €
Hauptthema dieses Buches ist der Umgang mit den Teammitgliedern und richtige Führung.

Microsoft Office Project 2003. Das Profibuch. m. CD-ROM von Renke Holert - 49,90 €

Pocket Business: Projektmanagement. Projekte effizient planen und erfolgreich umsetzen (Pocket Business) von Wolfgang Lessel (September 2002) - 6,95 €

Projekt Management von Gerold Patzak - 55,00 €
Umfangreiches Standardwerk

Projektberichte, Statusreports, Präsentationen von Sabine Peipe und Martin Kärner (Januar 2005) - 29,80 €

Projekte managen von Heinz Schulz-Wimmer - 22,69 €
Übersichtliche Strukturierung und gute Checklisten

Projekte zum Erfolg führen. Projektmanagement systematisch und kompakt von Heinz Schelle - 12,00 €

Projekte zum Erfolg führen. Projektmanagement systematisch und kompakt,von Heinz Schelle - (Mai 2007) 12,00 €
Einsteigerbuch, kurz und knapp

Projektmanagement und MS Project - 22,99 €

Projektmanagement von Heinrich Keßler - 25,00 €

Projektmanagement. Einfach! Praktisch! (Haufe TaschenGuide) von Hans-Dieter Litke und Ilonka Kunow (Oktober 2006) - 6,90 €

Projektmanagement. Fallstudien von Harold Kerzner - 36,00 €

Projektmanagement. In 7 Schritten zum Erfolg von Angela Hemmrich und Horst Harrant (Oktober 2007) - 9,90 €

ProjektManager von Heinz Schelle - 139,00 €
Standardwerk, sehr umfangreich, aber auch sehr teuer

Projektplanung & Projektoptimierung mit MS Project 2003, 1 CD-ROM von Teia Lehrbuch Verlag (CD-ROM) (Windows 2000 /98/Me/XP) - 19,95 €

Projektplanung. Modelle, Methoden, Management von Jürgen Zimmermann, Christoph Stark und Julia Rieck (Oktober 2005) - 24,95 €
Das Lehrbuch bietet eine Einführung in die Planung und Steuerung von Projekten. Es basiert auf Vorlesungen für Studierende betriebswirtschaftlich und technisch orientierter Studiengänge.

http://www.pm-handbuch.com/ Das PM-Handbuch bietet sehr gute Vorlagen für das Projektmanagement sowie Methodik und Literaturempfehlungen, links, etc. Unbedingt zu empfehlen!

http://www.zmija.de/mindmap.htm Einleitung und Arbeitshilfen zum Mindmapping

Danksagung

An Claudia, Tjure und Felize für's da sein.

An Elsbeth und Harry für alles.

An Stefan Niederhafner für die guten Tipps.

WOCHEN SCHAU VERLAG

... ein Begriff für politische Bildung

Engagement

Rupert Graf Strachwitz

Transparente Zivilgesellschaft?

Accountability und Compliance in Non-profit-Organisationen

Transparenz gehört zum Alltagsvokabular der politischen Debatte. Auch und gerade zivilgesellschaftliche Akteure sollten sich der Forderung nach Transparenz nicht entziehen. Rupert Graf Strachwitz tritt für mehr Transparenz der Zivilgesellschaft, aber auch für Grenzen ein und macht sich für gesetzliche Regelungen hierzu stark. In seiner explorativen Studie untersucht Strachwitz erstmals aus sozialwissenschaftlicher Perspektive eine Reihe von Aspekten und deckt Problemfelder des Non-profit-Bereichs auf. Handlungsempfehlungen runden die Untersuchung ab.

ISBN 978-3-7344-0150-3, 176 S., € 14,80

Das Jahrbuch des Bundesnetzwerkes Bürgerschaftliches Engagement“ (BBE) berichtet aus der praktischen Arbeit und gibt Diskursen ein Forum, die weit in alle gesellschaftlichen Bereiche hineinreichen. Zielgruppe sind die mit Engagementpolitik und -förderung beruflich oder ehrenamtlich befassten Akteure in Wissenschaft, Medien, Verbänden, Stiftungen und Vereinen, Ministerien, kommunalen Fachstellen für Engagementförderung, in Freiwilligenagenturen und -zentren, Selbsthilfekontaktstellen, Seniorenbüros, Bürgerstiftungen oder in engagementfördernden Unternehmen.

A. Klein, R. Sprengel, J. Neuling (Hrsg.)

Jahrbuch Engagementpolitik 2016
Engagement und Partizipation

ISBN 978-3-7344-0117-6, 208 S., € 22,80
Fortsetzungspreis: € 18,20

www.wochenschau-verlag.de www.facebook.com/wochenschau.verlag @wochenschau-ver

WOCHEN SCHAU VERLAG

... ein Begriff für politische Bildung

Lernen in Gruppen

Sivasailam Thiagarajan,
Samuel van den Bergh

Interaktive Trainingsmethoden

Thiagis Aktivitäten für berufliches, interkulturelles und politisches Lernen in Gruppen

ISBN 978-3-89974989-2,
320 S., DIN A4, € 29,80

Erstmalig im deutschen Sprachraum erscheinen Thiagis interaktive Trainingsmethoden mit über 70 Aktivitäten und Texten. Sie sind ein Schlüssel für das respektvolle Miteinander in Beruf und Alltag und einfach in der Implementierung. Die Übungen zeichnen sich durch übersichtliche Darstellung aus und sind handlungsorientiert.

Der **erste Teil** des Buches umfasst Aktivitäten, die nach verschiedenen Seminarphasen sortiert sind: Einstieg, Wachrüttler, interaktive Themenbearbeitung, interaktive Vorträge und interaktives Erzählen, Reflexion sowie Seminarabschluss. Der **zweite Teil** fokussiert themenspezifische Übungen: interkulturelles Lernen, Umgang mit Vielfalt, Arbeit in Gruppen und Teams sowie Arbeiten in speziellen Seminarformen.

Zielgruppen: Trainer und Moderatoren, Personen im Bildungsbereich, Pädagoginnen und Pädagogen.

www.wochenschau-verlag.de www.facebook.com/wochenschau.verlag @wochenschau-ver

WOCHEN SCHAU VERLAG

... ein Begriff für politische Bildung

Praxisratgeber

Thorben Prenzel

Handbuch Lobbyarbeit konkret

ISBN 978-3-89974304-3,
192 S., € 14,80

Gute Lobbyarbeit ist ein Prozess auf vielen Ebenen: Veranstaltungen und Aktionen organisieren, Politik und Verwaltung bearbeiten, die Presse mit Artikeln versorgen, Geld und Sachmittel auftreiben etc. Nur: wie kann eine effektive Lobbyarbeit neben den sonstigen alltäglichen Verpflichtungen aussehen?

Dieses Buch liefert das nötige Handwerkszeug – Tipps und Tricks, Basiswissen und Hintergrundinformationen. Es ist für diejenigen gedacht, die als Teil ihres Berufslebens oder ehrenamtlich vor der Herausforderung stehen, ihren Verband, ihren Verein, ihre Initiative oder Gruppe in der Öffentlichkeit platzieren zu müssen. Klappern gehört zum Handwerkszeug des Lobbyisten – mit diesem Buch lernen Sie, den richtigen Ton zu treffen.

www.wochenschau-verlag.de www.facebook.com/wochenschau.verlag @wochenschau-ver

WOCHEN SCHAU VERLAG

... ein Begriff für politische Bildung

Demokratie gestalten

Wie kann man politisch aktiv werden?

Paul Ackermann und Ragnar Müller erklären verständlich, wie man als Bürgerin oder Bürger in der Demokratie mitwirken kann. Stichworte sind:

Informationen beschaffen
Die Meinungsbildung beeinflussen
An die Öffentlichkeit gehen
Extremismus erkennen und bekämpfen
Von lokalen Bürgerinitiativen zu globalen NGOs

Ein Muss für jede Schülerin, jeden Schüler, jeden Staatsbürger und jede Staatsbürgerin

Hardcover, 4-farbig mit
77 Fotos und Grafiken
ISBN 978-3-7344-0107-7
312 S., € 26,80

www.wochenschau-verlag.de | www.facebook.com/wochenschau.verlag | @wochenschau-ver